信息化背景下高职高等数学教学创新研究与实践

苗 慧著

浙江工商大学出版社
ZHEJIANG GONGSHANG UNIVERSITY PRESS
·杭州·

图书在版编目(CIP)数据

信息化背景下高职高等数学教学创新研究与实践 /苗慧著. — 杭州 ：浙江工商大学出版社，2022.11
ISBN 978-7-5178-5186-8

Ⅰ. ①信… Ⅱ. ①苗… Ⅲ. ①高等数学－教学研究－高等职业教育 Ⅳ. ①O13

中国版本图书馆CIP数据核字(2022)第209347号

信息化背景下高职高等数学教学创新研究与实践
XINXI HUA BEIJING XIA GAOZHI GAODENG SHUXUE JIAOXUE CHUANGXIN YANJIU YU SHIJIAN

苗 慧 著

责任编辑 张 玲
封面设计 朱嘉怡
责任校对 夏湘娣
责任印制 包建辉
出版发行 浙江工商大学出版社
(杭州市教工路 198 号 邮政编码 310012)
(E-mail：zjgsupress@163.com)
(网址：http://www.zjgsupress.com)
电话：0571-88904980，88831806（传真）
排 版 杭州彩地电脑图文有限公司
印 刷 杭州高腾印务有限公司
开 本 710 mm × 1000 mm 1/16
印 张 15
字 数 220 千
版 印 次 2022 年 11 月第 1 版 2022 年 11 月第 1 次印刷
书 号 ISBN 978-7-5178-5186-8
定 价 58.00 元

前 言

在数学教学过程中，教师可以通过丰富的实例引入数学知识，引导学生应用数学知识解决实际问题，经历探索、解决问题的过程，让学生真正意识到数学存在于现实生活之中，并能广泛应用于现实世界，也就是说，只有使学生自觉地将所学数学知识与生产、生活联系起来，才能够切实体会到数学的应用价值，增强数学应用意识。数学教师要积极提高自身素质，主动了解数学在实际中的应用，养成在日常生活中运用数学的思想方法观察问题，提高自身的数学应用意识。同时，转变数学教学观念，努力改革教学方法，在传授课本知识的同时，不能让学生机械地模仿和重复，而忽视应用过程的分析、概括、探索，忽视影响应用意识的诸多因素，如数学语言、阅读理解等有针对性的训练和培养。应该渗透数学教育思想，使课堂少一些枯燥乏味的纯数学问题，多一些有趣可观的实际应用问题，潜移默化地感染学生，使学生逐步形成运用数学知识、数学方法解决实际问题的意识。

高职高等数学作为一门基础性学科，其重要性越来越凸显。近些年来，随着时代的发展及对人才要求的逐步提高，高职高等数学传统教学方式已经难以适应我国人才培养的要求，高职高等数学教学亟待改革与创新。现代教学理念正是针对传统教学方式的弊端提出的，较传统教学方式而言，现代教学理念优势明显。

随着高职教育的不断发展，高职课程教学改革的不断深入，高职高等数学课程教学出现了各种问题，如数学课时的不断删减、学生学习的主动性差和找不到学习的目标和方向、数学教师教学方法落后等。这让高职高等数学教学改革备受教师们的关注，研究高职高等数学教学改革的出发点和落脚点在于改变高职高等数学的教学现状，提高高职高等数学的教学质量，真正体现出高职高等数学的目标和作用。

目　录

contents

第一章

信息化背景下高职高等数学教学改革的探讨

在高职绝大多数专业的人才培养方案中，高数既是一门重要的文化基础课，又是一门必不可少的公共基础课，对学生后续课程的学习、数学素养和应用能力的培养起着重要的作用。但由于人们对高数课程在高职教育中所处的地位与作用认识不够，教学目标、教学内容、教学方法、教学模式、教学评价等都基本上停留在普通专科的基础上，没有根本性改变，很难满足高职教育各专业和各学科对高数的要求。因此，如何创新高职院校数学教学体系和教学模式，使原本初等数学基础较差的高职学生摆脱对数学的恐惧，学会用数学的思维方式观察周围的事物，用数学的思维方法分析和解决实际问题，是摆在当前高职高等数学教学工作者面前的重要问题。

第一节 高职教育的发展现状及发展趋势研究综述

在高等职业教育（以下简称高职）的大多数专业（如我院会计类、计算机类、财经类、国际贸易类、商务管理类）的人才培养方案中，高等数学既是一门重要的文化基础课，又是一门必不可少的工具基础课，对学生后续课程的学习和数学思维素质的培养起着重要的作用。它的基础性地位决定了它在自然科学、社会科学、工程技术领域及其他学科中的作用越来越明显，日益成为各学科和工程实践中解决实际问题的有力工具。但由于人们对数学课在高职教育中所处的地位与作用认识不够到位，再加上现今仍缺乏体现高职特点的课程标准，教学所使用的教材也缺乏高职应有的特色。总的来说，高职高等数学教育中存在诸多问题，主要表现在以下几个方面：

从教学目标上看，高职高等数学的教学目标与高职人才的培养目标有一定差距。高职人才培养目标的定位为培养高等技术应用型人才，而高职高等数学教学基本上还是按照以往普通专科高等数学的教学模式确定教学目标。普通专科数学普遍存在重理论、轻应用的现象，忽视了“以应用为目的，必需、够用为度”的原则，数学与专业知识和生产实践的联系太少，数学的应用性没有得到充分体现。

从教学内容上看，知识体系依然一成不变。普通专科高等数学知识体系带有较重的本科模式，内容上要求面面俱到，理论上追求严谨，这不仅不能满足高职人才培养目标的要求，而且往往会造成高职高等数学教学中教学内容多、课时少的矛盾。随着高等职业教育教学改革的推进，各专业课程设置和教学内容也做了相应的调整，提高了对数学课程的要求，但同时减少了数学教学的课时分配，进一步加剧了教学内容与课时分配不足之间的矛盾，使数学教师往往为了完成教学任务而疲于追赶教学进度。一些重点内容和应当精讲的内容在教学过程中难以展开，影响了教学质量和教学效果。

从教学方法上看，从事高职高等数学课程教学的教师大多毕业于数学专业，一般来说对工程技术以及各专业知识了解较少，在教学过程中往往缺乏工程背景，或与专业知识结合不够紧密，教学内容以纯数学知识为主，枯燥地讲授数学理论知识，从概念讲解到定理证明，再到例题、习题一味灌输，教学手段大多是粉笔加黑板、课件演示加课堂训练，这种“注入式”与“填鸭式”的教学，难以唤起学生学习数学的兴趣。

从教学模式上看，教学模式单一。基本上还是以知识传授型为主，学生被动学习的局面没有改变，缺少必要的“个性化”教学与学生彼此间的交流，学生的课堂参与极其有限；同时，随着高校规模的扩大，对高校教师特别是高职院校的基础课教师造成很大的压力。一方面由于学生的数学基础参差不齐，个别差异越来越大，但教学内容和教学要求完全一样，同一个老师讲课，同一个教室听课，有的学生没“吃饱”，有的学生没“消化”，造成教师无所适从；另一方面由于工作量增大，教学方法和手段相对滞后，教师整天忙于备课、上课、改作业，这种局面不仅影响教学质量和效果，还影响教师教学改革研究和学术研究。

从教学评价上看，大部分教师是凭经验，这就使教师难以及时准确地了解专业知识对高等数学的需要，因而教学策略难以保证有很强的针对性。此外，目前数学考核的形式基本上是过程性考核和终结性考核相结合，终结性考核主要就是期末的笔试，试题的题型基本上是例题的翻版，是纯粹的数学题，这种限时完成规范化试卷的做法也很难准确评价出学生的学习质量和教师的教学效果。

一、教学改革思路

数学教育正在向以学生数学素质为宗旨的能力培养转变。这种转变，主要体现在教学内容的改革、教学体系的创新等方面。

（一）教学内容的改革

现行高等数学教学内容，难以适应高职人才培养目标对高等数学的要求，需要进行组合优化，可从以下三个方面进行改革：

必须明确高等数学课程在高职教育中的基础性地位和基础性作用。明确数学课程本身和其他各专业课程以及工程技术实践对数学的要求及发展趋势，并以此作为确定高等数学教学内容的主要依据。

要从“以应用为目的”的角度，或者从解决实际问题的需要出发，从各专业后继课程的需要和社会的实际需要出发，来考虑和确定教学内容。

要从培养应用型人才的角度来更新教学内容，高等数学课程不仅要教给学生一些实用的数学知识，它更要培养学生的数学思维、数学素质、应用能力和创新能力。为此，在高等数学教学中，教学内容要推陈出新，处理好传统内容与现代内容的关系，即在讲解经典内容的同时，注意渗透现代数学的观点、概念和方法，为现代数学适当地提供内容展示的窗口和延伸发展的接口，提高学生获取现代知识的能力。

（二）教学体系的创新

因材施教是教育教学的基本原则，高等数学的教学也不例外。根据现行教学体系的不足和因材施教原则，在实际教学中采取“分层次多模块”的教学模式，具体思路如下：

把高职高等数学课程的教学体系分为三个模块，即基础模块、应用模块、提高模块。

基础模块教学内容的设定是以保证满足各专业对数学的要求为依据，它是高等数学中的最基本的内容，对所有学生而言都是必修课，教师必须精讲细讲，使学生彻底学会弄通。通过这些最基本的训练，使学生掌握实际生活中常用的数学工具和基本的数学思想，一方面满足后续课程对数学的需要，另一方面使学生具备初步的应用数学知识分析问题、解决问题的能力。

应用模块教学内容的设定可由各专业课教师和数学教师共同研讨确定，针对不同专业的特点设置不同的应用模块。它的主要特点是体现专业性，所有内容都要体现“应用”二字，让学生感受到“数学就在我身边”。这一模块的授课方式可以相对灵活，可以采用讨论式或双向式教学，也可由某一专业技术问题的数学应用来展开，可以由有专业背景和实践经验的专业课教师来策划教学任务。这种跨学科的教学模式的设置，对学生的思维方式及创新能力的培养是十分有益的，也是一种全新的尝试。从某种意义上说，这正是理工结合、多学科交叉融合的切入点，符合培养应用型人才的需要。

提高模块教学内容的设定是为准备继续深造（如“专升本”）或者所学专业对数学有特殊要求的学生来确定的。在这一模块中主要适当介绍一些现代数学的思想、方法或一些研究内容，使学生对目前最新的数学工具及其发展趋势有所了解，为他们今后在工作中进行自学打下一定的基础。

二、高等职业教育的产生与发展

近年来，伴随着高等教育的跨越式发展，我国高等职业教育异军突起，一个基本适应我国社会主义现代化建设需要的高等职业教育新体系初步形成。

（一）高等职业教育的产生与发展的动因

英国教育家阿什比有句名言：“任何类型的大学都是遗传与环境的产物。”社会的人才类型随着社会的发展而产生和发展，社会的教育类型也随着人才类型的不断发展而发展。例如英国在工业革命以前，社会所需要的主要是学术型人才，以牛津大学、剑桥大学为代表的高校主要向学生进行文、史、哲方面的学术型教育。工业革命后，工业产品日趋复杂，许多国家发现，一边上岗一边学习技能是不可能的，而且工厂需要有专门设计产品的人和研究产品制造的工程师。但传统大学无法培养出这类人才。于是通过“新大学运动”，在 1926 年创立了第一所新大学——伦敦学院，接着又出现了如伯明翰大学、诺丁汉大学、利物浦大学等。这些大学与当时的地方工业息息相关，以便适应由于生产不断增长对劳动力的需求。这些大学的出现即为高等技术教育的产生。其培养的是产品开发、设计及生产管理的人才。鉴于当时的生产水平，工厂尚不需要专门负责解决制造过程中技术问题的技术型人才。

第一次世界大战后，科学技术飞速发展。生产现场的各种工艺装备不仅日趋复杂与精细，而且工艺过程已成为一个整体出现，它们不仅是各种装备和仪器的组合，还是机械、电气、光学、液压、气动等多种技术的综合，生产就需要专门人才来处理现场技术问题，于是出现了对技术型人才的需求。限于当时的生产和技术水平，这类人才只要是中等教育水平就可胜任，这就产生了中等职业技术教育。

高等职业教育是工业化发展到一定阶段的产物，特别是从 20 世纪 50 年代起，世界发达国家相继建立和发展了这一新层次，对本国的经济发展起到了极大的推动作用。

由于社会职业技术岗位的变动，又因为它们的技术含量和智能水平较高，中等技术教育所培养的中等职业技术人才已不能胜任，促使职业岗位教育层次由中等层次上升到高等层次，即产生了高等职业技术教育。《加拿大职业分类词典》中对这类教育有明确的限定，其中大部分岗位的普通教育程度 GED = 4（相当于我国高中毕业），职业培训年限 SVP = 7（相当于我国大专教育），此外，一些岗位的 GED 和 SVP 水平还超过以上等级。

（二）高等职业教育地位的确认

早在 1976 年，联合国教科文组织教育统计局所编的《国际教育标准分类》中，把第五层次的高等教育第一阶段的特点描述为："对所学学科中的理论性、一般性和科学性原理不太侧重，花时不多，而侧重它们在个别职业中的实际应用。故所列课程计划与相应大学学位教育相比，修业期限要短一些，一般少于 4 年。"显然这个第五层次的教育是高等职业技术性质的教育。

此后，联合国教科文组织《国际教育标准分类法》将属于高等教育的第 5 层次（高等教育第一阶段）划分为 A、B 两类：5A 是指强调理论基础，为从事研究做准备的高等教育；而 5B 则是指实用型、技术型、职业专门化的高等教育。可见，5B 教育类型的培养目标就是我国高等职业教育所强调的培养目标，即培养高级技术应用型人才。5B 类高等教育的提出，具有重要的理论意义与实际作用。它标志着以培养科学型人才和工程型人才为主的 5A 类高等教育和以培养职业技术技能型人才为主的 5B 类高等教育，已构成了现代高等教育结构的基本框架。同时也说明了高等职业教育的产生与发展，不是某一两个国家的偶然的现象，而是世界高等教育改革的共同趋势。高等职业技术教育属于 5B 类，也使高等职业技术教育的地位得到了权威性的确认。

三、国际高等职业教育值得借鉴的经验

高等职业教育作为高等教育事业的重要组成部分，受到世界各国和地区的普遍重视。

（一）职业资格制度

发达国家推动高等职业教育和培训的一项主要政策，就是国家全面推行职业资格制度，建立职业资格体系，依法治教。21 世纪的高等职业教育将进一步完善对学生职业技能的标准化考核，证书制度转向双证，即学历证书和职业资格证书。职业资格具有评价功能、选拔功能、激励功能和保障功能。评价功能就是通过严格的科学的考试，对一个人的知识、技能进行客观鉴定和评价。有真才实学的必将被社会所选拔，资格的取得作为谋职的必要条件。资格的保障作用，是指某些职业从业人员的素质直接关系到国家和人民生命财产安全。如医生、律师、建筑师、会计师等，职业资格制度的严格实施无疑具有很强的保障功能。至于选拔和激励功能是显而易见的。

例如英国自 20 世纪 80 年代以来，经济发展徘徊不前，其中一个原因就是英国重学术轻技术、重学位轻职业资格的观念根深蒂固，致使企业劳动者素质下降，英国政府因此从教育体制和就业制度入手，大刀阔斧地进行改革，决定在全英加强职业技术教育，并实施“现代授徒计划”，包括实行统一的“国家专业证书”（NVQ）和“普通国家专业证书”（GNVQ）制度。规定完成了义务教育的青年，除少数进入普通高校外，都必须首先接受职业技术教育或参加“现代授徒计划”，获得 NVQ 或 GNVQ 证书，然后再就业或到大学攻读学位。政府还通过调整工资政策，拉开有 NVQ、GNVQ 证书与无证书者之间的差距。这种新的就业和用人观念，在当今社会已经被广泛接受，成为社会的共识。

（二）职业教育模式——社会化综合模式

到20世纪70年代，人类社会酝酿了一次史无前例的技术革命，即信息技术革命。西方学者认为，西方国家在20世纪50—60年代达到高度工业化以后，出现了后工业化阶段，现在要从工业社会转入信息社会，完全可以说，在20世纪末到21世纪初，将会爆发一场前所未有的以信息技术为中心的未来技术革命。而这场技术革命引起的产业结构的变化，是第四产业从第三产业中分化出来，成为未来社会占主导地位的产业部门。第四产业即信息产业，又称知识产业。今后的世界各国都将注意观察其他国家的技术革命，也将注意到技术间的国际合作，技术的社会网络也将会最终形成。而未来技术革命的这种广泛的社会性与国际性，要求一种全新的职教模式与之相适应，这就是职业教育社会化综合模式。

社会化综合模式是一种由学校、企业、地方政府、团体以及私人广泛参与的职教形式，其办学主体多种多样。参与者在职能上既分工又合作，资源充分共享，办学形式灵活多样，包括全日制、半日制、定时制、函授、电视、计算机终端、正规教育与非正规教育等教育形式，低、中、高等不同层次，职前、职后等不同对象的教育网络。这种社会化综合模式离我们并不遥远。实际上，目前一些地区的职教中心就是这种模式的开端，它可以供学校的学生、企业的职工、社会上的各种人员共同利用，由此可见，现代职业教育的社会化规模之大和程度之深。高等职教要面向社会开放，社会要承担职教的职能，职教将以其开放式的转变形成名副其实的大职教观念。

（三）实施综合职业能力教育

联合国教科文组织召开的“面向21世纪教育国际研讨会”指出：“21世纪最成功的劳动者将是全面发展的人，将是对新思想和新机遇最开放的人。”这无疑对21世纪高等职业人才应具备的能力提出了全面和全新的要求。

职业能力是从事职业活动必备的条件，是劳动者所具有的知识、技术素质的外化和体现。综合职业能力既包括专业能力，如技术操作能力、技术管理能力、技术诊断能力和维修能力等，又包括一般能力，如认知能力、表达能力、社会能力、生存能力等，还包括敬业精神、合作能力、意志品质和健康心理等。综合职业能力的提出，既吸收了20世纪70年代北美兴起的“能力本位”，强调教育社会性的一面，又弥补了其忽视人的全面发展未能着重个性的一面，体现了知识经济社会对人的全面素质的要求。

以能力为基础的教育（CBE）是近年来在北美及世界上一些职业技术教育较为发达的国家所广泛采用的一种教学模式或教学系统。在加拿大，有30多所社区学院在运用这种模式（MES），即模块技能培训，是国际劳工组织于20世纪70年代末、80年代初开发出来的一种职业技术培训方法，旨在帮助世界各国特别是发展中国家提高职业技术教育的质量，CBE和MES已分别由我国教育部、劳动部先后由国外引进。几年来，国内已有数百所各类型、各层次的职业学校进行了CBE教改试点，取得了不少改革成果。

实施综合职业能力教育的一个重要指导思想，就是要把职业技术教育的培养目标由单纯的“技术劳动者”变为“技术人文者”，这就要求未来劳动者必须有对全人类负责的高度责任心，有较高的人文社会科学素质，具有把技术问题置于整个社会系统中而能进行政治的、经济的、法律的、生态的甚至伦理的综合考虑能力。

德国重视在高等职业教育中实施综合能力教育，明文规定学生要具备“关键能力”，即包括以下七个方面的能力：①对技术的理解能力和掌握能力；②决策能力；③ 独立解决问题的能力；④ 质量意识；⑤合作能力；⑥环境保护意识；⑦社会责任感。德国政府从明确提出培养“关键能力”这一要求以来，德国企业界和职业技术学校纷纷响应。

纵观世界各先进国家的发展史，意义重大的科学发现、国际领先的科技成果、基础扎实的专利技术、充满奥秘的技术诀窍，本身就是国力强大和科学发达的标志。这一切源于该国和民族拥有创造性人才及其创造性工作。“学会学习”“学会创造”，是当代社会对高等职业技术人才素质的客观要求。过去的技术教育是师傅教徒弟，是单纯的传递性、继承性教育，徒弟最多只能达到师傅的水平。而跨世纪的高等职业教育，应当培养有竞争意识、有应变能力、有创新精神，青出于蓝而胜于蓝的人。美国的社区学院和四年制学院双轨制的培养方式，目的是力图培养学生既能够为生活做准备，又能够为就业做准备。强调学生不仅要掌握各种自然科学和社会科学知识，而且要有强烈的创造欲望，能为各种需要而思考，具有批判的思维以及在工作现场中与他人合作的能力。从我国高等职业实验教学同德国高等实验教学的比较中可以看到差异。我国高校教学实验比较现成化，实验讲义非常详尽，实验结果很容易得出。德国高专则不同，学生进行实验时，教师只提出实验目的和条件，至于方案制订和实验过程设计完全由学生自己查阅资料独立完成，从而充分发挥学生的创造性，培养学生独立工作的能力。

四、我国高等职业教学改革取得的成果

高等职业教育是我国高等教育体系的重要组成部分，也是我国职业教育体系的重要组成部分。近年来，伴随着高等教育的跨越式发展，我国高等职业教育取得了长足的进步。

第一，建设了一个可供实施高等职业教育的教学平台。在现有高职院校中，有原来的高等专科学校、职业大学，也有普通高校的二级学院，以原来各自的教学环境为起点，按照高等职业教育的特征和要求，逐步建立了一个新的教学平台，其内容如下：

建设了一个基本适应现代高等职业教育的实践教学环境，主要包括校内实训基地、校外实习基地和对传统实验室进行改选等内容。营造了一个产学结合的教育教学环境及进行符合高职特点的教学管理模式的探索。积极推动和组织编写适应高等职业教育的教材。教师队伍建设作为发展高等职业教育的重中之重，专业带头人、骨干教师和“双师型”教师为主体的教师队伍建设是高等职业教育教师队伍建设的重点。

第二，以教学平台建设为支撑进行高等职业教育的教学改革。主要有两个方面：

一是专业设置的改革。高等职业教育的专业设置必须面向经济社会发展的

第一线，面向产业、贴近市场、为地方经济发展服务，这就必须改变高等职业教育按普通本科专业目录设置专业的局面。十年来，已经出现了一大批面向支柱产业、新兴产业生产建设服务第一线的技术或职业岗位（群）而设置的高职新专业，基本上改变了按传统学科设置专业的局面。

二是课程模式的改革。多年来，我国高等教育中多采用“学科范型”为主的课程模式设计教学方案，在大学专科教育中也基本运用了这一模式，造成了专科层次人才定位不清，规格与职业需求不符的情况。随着高等职业教育教学改革的深入，这种以学科为主的课程模式逐步被新的课程模式所代替。

第三，开始研究和制定适应高等职业教育要求的质量评价标准，包括学校的办学水平评估标准、课程评估标准、学生评价标准等。目前，这方面的工作还刚刚起步。

第四，在积极发展高等职业教育的同时，大力开展了高等职业教育的研究。近十年来，在我国高等教育研究的基础上，高等职业教育的研究也取得了积极的进展和丰硕的成果。

我国高等职业教育的改革和发展虽然取得了明显进展，但是我们必须清醒地意识到，社会主义现代化建设的飞速发展已经对高等职业教育提出了更高的要求。党的十八大明确提出，要走新型工业化道路，坚持以信息化带动工业化，加快发展现代化服务业，推动经济结构的战略性调整。当今时代，科学技术日新月异，人类社会正处在从工业经济向知识经济转折的关键时期，产业结构和劳动力结构正在发生深刻变化，包括高技能人才在内的知识型劳动者就业岗位和需求不断增加。我们必须从实施人才强国战略的高度，进一步认清面临的形势与任务，加快培养高素质的高技能人才。教育部与有关部门共同启动实施“制造业和现代服务业技能型紧缺人才培养培训工程”、职业教育实训基地建设工作，推行“订单式”培养模式和“双证书”制度等，都是贯彻党的十八大精神，适应新型工业化发展要求，培养既能动脑又能动手的“银领”人才的体现，是“以服务为宗旨，以就业为导向，走产学研结合的发展道路”工作思路的具体体现。

第二节 高职高等数学教学内容改革的探讨

高职教育属于高等教育，但不等同于普通高等教育，它是职业教育的高等阶段，是另一种类型的教育。高职人才的培养应走“技术型”“应用型”的路子，而不能以“学术型”“科研型”作为人才的培养目标。高职的高等数学教育更不同于普通高校数学系学生的高等数学教育，不应过多强调其逻辑的严密性、思维的严谨性，而应将其作为为专业课程服务的基础学科，强调数学知识的应用性、学习思维的开放性、解决问题的自觉性。

一、正确理解“以应用为目的，必需、够用为度”的原则

高职教育属于职业技术教育，是培养高素质技术技能型人才的教育，这就使高等职业教育与普通高等教育在类型上区别开来，这也是高等职业教育强调的第一属性。因此，高职高等数学教学内容必须充分体现“以应用为目的，必需、够用为度”的原则，体现“联系实际、深化概念、注重实用、提高素质”的特色。

（一）“以应用为目的，必需、够用为度”

培养目标是一种教育区别于其他教育的最重要的标志。高等职业教育的培养目标定位在：培养与社会主义现代化建设相适应的，具有较宽泛的专业理论知识和较强的技术实现能力与实际操作或管理能力，能够在生产、建设、经营或技术服务第一线运用高新技术创造性地解决技术问题的高层次技术应用人才。这类人才的主要任务不是搞学科的学术研究、工程设计和新技术、新产品的开发研制，也不是从事某种劳动岗位的简单操作或服务，他们面向的是以下

三类职业岗位群：第一类是在生产或服务岗位应用成熟的技术将工程人员或企业领导的规划、设计、决策转化为现实的物质产品或技术服务；第二类是在经营性岗位应用先进的管理规范和经营技术，按照企业领导的规划、决策进行技术性服务；第三类是在高技术操作岗位进行高智能的技术操作。这三类人才的知识、能力结构特点应该是：专业基础理论知识宽泛，但不要求系统严谨，而在技术应用能力和实践动手能力上要强于学术研究或工程设计人才；在产品制作或服务操作的熟练程度上可能不如熟练技工或服务员工等单项技能型人才，但专业技术理论知识面要比他们宽，技术实现能力和技术应用及创新能力要比他们强。只有准确地把握了高职培养目标的这些特点，遵循“以应用为目的，必需、够用为度”的原则，才能把握高职高等数学课程与其他类型、其他层次教育中的数学课程的区别，才能准确地把握数学课在实现培养目标中的地位和作用，也才能准确地把握高职高等数学课程的教学目标，搞好高职高等数学课程的改革。

（二）“课程质量、课程效益与课程发展”三位一体的课程目标

课程质量标准包含知识、能力和素质要求，反映未来职业岗位的需要，体现“优、实、新”的要求，即课程设置优化，适应并服务于技术技能型人才的培养；课程内容“实用”，突出知识的应用；课程能根据市场经济的需求变化，及时反映新知识、新技术、新工艺、新方法，能培养学生的创新精神、竞争能力和应变能力。

课程效益既包含满足就业需求和学生终身学习的社会效益，也包含强化实践能力培养和提高学生整体素质的教学效益，使学生能更好地符合未来的职业岗位要求。

课程发展是学生的职业道德、职业能力和综合职业素质发展的统一，是理论联系实际，专业教育与思想教育、人文教育与科学教育、理论教育与实践教育、基础教育与提高教育的结合。

遵循“以应用为目的，必需、够用为度”原则的课程教学目标，是高职数学课程改革的起点与归宿。要达到这一目标，还必须突破传统的课程观，实现

数学课程功能的重建。

第一，必须突破狭窄的知识基础观，构建以职业素质提高为核心，包括职业知识、职业能力和职业道德素质在内的基础性功能。高职高等数学课程以学科知识“必需、够用为度”，重在针对职业岗位的需要，开设必需的数学基础知识课程，以满足学生后续专业学习的需要，实现时间资源的效益最大化。

第二，必须突破单一课程优化观念，构建包括多门基础课统筹，节时高效的综合性功能。课程组合不是机械地理解“德、智、体全面发展”，硬性规定每一项教育对应一门课程，而是根据就业需求和高职院校学生现状开设相关的课程，实现人才培养针对性与综合性的统一。以“必需、够用为度”的课程改革既强调单一课程改革，也重视课程全面整体的构建，既强调公共基础课程设置和教学内容的选择以“必需、够用为度”，又重视结合每门公共基础课程的性质，确定不同的改革方案，形成整体优化，是全面、系统的改革，是对整个公共基础课课程体系进行的改革。

第三，必须突破就基础论基础的观念，构建服务并融入专业技术教育的高职高等数学课程体系，体现以就业为导向的要求，强调课程设置“按需设课”、教学内容安排以“必需、够用为度”，对课程进行重构和整合。

（三）实现高职高等数学课程改革，提高课程效率

高职教育是培养高级专门人才的教育，为了帮助学生掌握必要的专业知识，提高学生的专业素质，开设一定的公共基础课（如“两课”、大学语文、高等数学、大学实用英语等）是必要的，但是，也不是开得越多越好，否则，专业核心课程的课时得不到保障，课程设置会严重脱离专业实际、学生实际和就业需求，“以应用为目的，必需、够用为度”，就是从学生实际和专业需求出发，提高课程设置的效率。

另外，传统普通专科高等数学教学内容体系上要求面面俱到，理论上追求严谨。这不仅不能适应高职人才目标的要求，而且会造成高等数学教学内容多、课时少的矛盾。因此，“以应用为目的，必需、够用为度”的原则，也是实现高职高等数学课程同时也包括其他公共基础课程改革自身的需要。

（四）实施数学教学改革是体现高职高等数学特色的需要

数学具有典型的严密性和抽象性，而我们的教学对象是基础相对薄弱的高职学生，抽象性往往成为他们的理解障碍，过度严密的知识结构其实也并非高职类各专业所必需的。高职高等数学课程应主动服务于人才培养目标与专业需求，体现“联系实际、深化概念、注重实用、提高素质”的特色。

（五）实施高职高等数学教学改革是提高数学教师素质的需要

教师是提高教育质量的关键，也是高职教育改革成功的关键。高职公共基础课教师具有一定的教育教学专业训练的基础，对知识传授有较强的适应性。但相当多的教师面对探索以“必需、够用”为原则的高职公共基础课程改革时，由于缺少相关专业知识和能力的训练，要适应以就业为导向的高职教育，服务并服从专业技术教育要求，往往是心有余而力不足。在高职教育提倡专业课教师要走“双师型”道路的同时，公共基础课教师必须学习专业知识，参加专业技能的训练，了解专业对公共基础课的要求，提高公共基础课服务专业技术教育的水平。

二、高职高等数学教学内容改革的探索

进行高职高等数学课程改革，必须有针对性地开展课程调研，做到准确定位、抓住关键、把握核心、遵循原则、防止极端。笔者就如何搞好高职高等数学课程改革对本院以及其他同等高职院校进行了以下探索与研究。

（一）课程调研

为体现“以应用为目的，必需、够用为度”的原则，牢固树立为专业课服务的思想，笔者对下列专业课程进行了调研。

计信类专业：在计算机应用、软件技术专业中需要广泛用到一元函数的微积分知识，在信息技术、物联网等专业中还需要用到线性代数、概率统计中的相关知识。

电子类专业：在电路分析、模拟电子线路、数字电子线路、高频电子线路、通信原理、信号与系统中需要广泛用到的数学知识有一元函数微积分、一阶和

二阶常系数微分方程、线性代数中的行列式与矩阵、无穷级数、傅立叶级数、拉普拉斯变换、概率论与统计初步等内容。

计算机类专业：在操作系统、数据结构、语言编程、微机原理中需要用到一元函数微积分基础知识、解析几何中的向量、线性代数中的行列式与矩阵、离散数学的数字逻辑、图论等知识。

建工类相关专业（如安全技术管理、测绘与地质工程技术、矿山安全技术与监察等）：用到最多的高等数学知识有一元函数微积分（求极限、求导、求积分）、线性代数、概率统计中的基础知识。如《测量平差》中大量用到线性方程组的相关基础知识。

财经类专业：只需了解一元微积分在经济学上的应用，因此，不必要开设工程数学中的相关内容的课程。

分析表明，一元函数微积分不仅是高等数学的基础，也是工科类和经济类各个专业后续专业课程学习的基础，在专业课的学习中，需要广泛用到微分学和积分学的基础知识，这是各类专业的共性，在此基础上，不同专业有不同的要求。

（二）正确认识高数课程在专业教学计划中的地位和作用

要搞好数学课程的改革，必须正确认识数学课程在高职人才培养中的地位和作用，以确立数学课程的教学目标。概括来说，数学课在高职人才培养中的作用应定位在拓宽文化基础、增强能力支撑、提供专业工具这三个方面。

首先，数学课作为专业知识和终身学习的文化基础课，在高职人才培养中有着重要的奠基作用。一方面，数学是学习一切自然科学和社会科学的基础，已成为新时代社会中学习掌握其他学科知识的必备文化。作为高层次的职业教育，学生要学习掌握现代化的生产、管理或服务技术，就必须在已有高中阶段数学知识的基础上进一步拓宽。另一方面，随着终身学习社会的形成，也要求每个人都必须具备再学习的能力，学校教育仅为终身发展奠定一个再提高的“平台”，而数学知识是形成再提高“平台”的重要构件之一。

其次，数学知识具有逻辑性强、推理严谨、定量精确等特点。通过数学知识的学习，对学生各种基础能力（如观察想象能力、逻辑思维能力、创造思维能力等）和分析问题、解决问题的综合能力以及科学精神和科学态度的形成都能起到潜移默化的作用。

最后，数学作为学习其他专业理论和技术的工具，其应用极其广泛，这一点在职业教育中已得到共识。

（三）高数课程改革需要恰当处理的几个关系

1. 职业方向的针对性与终身发展需求性的关系

高职教育的一个显著特色就是职业方向明确、教学目标针对性强，使培养的学生具备从事某一职业岗位（或岗位群）所必需的基本理论和熟练的实践能力与较强的创新能力。这就要求各门课程必须体现某一职业岗位（群）对知识、能力的需求特点。但是，高职教育对于每个学生都只能作为终身学习的一个环节，教学目标还必须考虑到学生今后的可持续发展，为接受更高层次的教育和终身学习预留出一定的发展空间。因此，高职高等数学课必须恰当地处理好职业针对性与终身发展需求性的关系。为此，教学内容需要采用加强基础、突出应用、内容宽泛、增加选择弹性的方法，以达到其在高职人才培养中三大功能的整体实现。

2. 教学内容的实用性与学科知识系统性的关系

高职高等数学课为专业方向所规定的专业课程与实践能力提供必备的工具，这是其三大功能之一。但是，如果过分地强调“工具”作用，把教学内容削减为支离破碎的概念、公式、定理及如何套用，使学生知其然而不知其所以然，这样不但不可以达到数学课三大功能整体实现之目的，就连为专业课提供工具的目标也难以达到。因此，使用数学概念、公式、定理，必须要了解其产生的背景及其相互间的联系，以及公式定理中各量之间的依存关系，也就是数学知识间的系统性。不了解这些，就想生搬硬套地使用某些公式、定理解决实际问题，是根本无法做到的。因此，在高职高等数学课程中必须处理好其应用性与学科知识自身系统性的关系，做到既适当地降低理论的严谨性，又不放弃理论知识的科学性，既强调内容的应用性，又不放弃数学知识的系统性。

3. 学科知识的重点与培养数学应用能力的关系

要使高职高等数学课教学三大目标整体实现，其教学内容必须具备四个特点：一是知识范围广，涉及的知识面要宽泛；二是知识线条粗，不要求学科理论严谨，对必要的理论知识，如定理、公式等不做严谨的理论证明，而采用直观归纳或几何解释的方法，以通俗、直观、浅显的形态出现；三是教学要求深度浅，删除不必要的较深理论知识和较难的例题及习题；四是结合实际应用多，突出数学建模知识与数学方法在实际工作中的应用，注重提高学生运用数学方法解决实际问题的能力。基于以上特点，在教学重点选择上，不能拘泥于普通高等教育中传统数学学科的教学重点，既要考虑学科自身系统性的需要，更要把培养学生应用数学方法分析和解决实际问题的能力作为教学重点。

（四）合理取舍教材内容并制定相应的课程标准

教材是落实教育思想、实现教学目标的依据，是教学内容的细化、教学过程的“脚本”，也是教法与学法的“载体”。

高职院校工科类专业高等数学课程的开设观点很鲜明：第一，数学课程很重要，必须要开，但不能开得太深、太难、太偏，否则学生根本难于接受，也与高职人才培养目标不符；第二，要紧贴专业需要，因此，在很大程度上必须打破学科本身的逻辑性与连贯性，对现行教材内容进行合理的取舍、删减和整合。

（五）高职高等数学教师的职责

教师既是先进教育思想的传播者，也是先进教学模式、教学内容、教学方法的创造者，又是教学改革的直接实施者。所以，搞好高职高等数学课程改革关键在教师。由于高职高等数学课程教学目标和内容的特殊性，对高职高等数学教师提出了如下一些特殊的要求。

首先，高职高等数学教师除具有系统的基础理论和教学理论外，还应对专业的专业课有所了解，以便掌握数学课程与相应专业之间的联系，把握专业应用数学知识的重点，即不同的专业选取不同的模块——模块化教学。

其次，因高职高等数学课内容具有知识面宽泛、内容多而浅的特点，这就要求教师要灵活、科学、合理地选用教学方法，以便达到在对数学理论不做严谨推导的情况下，能使学生掌握并会运用。

最后，由于高职高等数学课具有理论紧密联系实际的特点，课程教学目标具有职业性和实践性的特色，这就要求教师要多参加一些专业实践活动，不断提高运用数学方法解决专业实际问题的能力，提高教师的实践能力。

（六）高职高等数学课程改革需要避免的两种极端

1. 只懂专业，不懂数学

这非常容易导致数学课程改革中一种极端做法的出现。具体表现是：参与专业人才培养方案（教学计划）的讨论者与制定者，大部分是来自企业或生产一线经验相对丰富的专家（或行家），他们对专业课程（尤其是核心专业课程）的设置有相当权威的发言权。但是从专业人才培养方案的总体来看，重专业、轻基础，重实践、轻理论的“痕迹”非常明显。对学习基础相对薄弱的高职学生来说，学好是很困难的。如定积分知识的基础是导数与不定积分，而无极限的导数，并不是创新，而是倒退。若将课时压缩到如此少的地步，对于担任数学教学的老师而言，也是很难做到的。以上是典型的只懂应用、不懂数学的例子。分析出现这种极端做法的主要原因有以下两个方面：

第一，对高等职业教育的“高等性”了解不透彻。高等职业教育首先是属于高等教育的范畴，因此，课程体系的开发首先必须遵循高等教育的基本原理和基本规律。不能只强调实践而忽视理论课程的学习，必须使学生掌握基本理论知识和基本原理，从而使学生具备由于工作环境、职业岗位内涵与外延的变化所应有的应变能力、创新能力和可持续学习的能力。

第二，缺乏对数学知识的了解。数学知识的掌握有其内在的自然规律，尽管可以根据需要打破教材安排，对部分数学知识（如常微分方程、级数、线性代数、概率统计等）进行适当重组或删减，但数学知识本身的逻辑性与连贯性非常强。正如极限是一元微积分的基础，微分与积分是一元微积分的核心，而没有一元微积分，二重积分就会成为“空中楼阁”。

2. 只懂数学，不懂专业

这是数学教师中容易出现的一种极端。出现这种极端的主要原因有以下两个方面：

第一，从事高职高等数学教学的教师大多为本科或研究生毕业，专业的学习以纯数学理论为主，一般来说，对工程技术以及各专业知识了解较少，在教学过程中往往缺乏工程背景，或与专业知识结合不够紧密。教学内容以纯数学知识为主，过分地追求数学学科的严谨性与知识的逻辑性，不能根据需要对教学内容进行适当调整、精简、压缩与整合。在实际教学过程中，总是以书本内容为主，枯燥地讲授数学的理论知识，从概念讲到定理证明，再到例题习题一味灌输。因此，总感觉内容多、课时少。

第二，对高等职业教育的“职业性”了解不深入。高等职业教育同时又属于职业教育的范畴，职业性是其最突出的特点之一。因此，课程体系的开发必须遵循“以服务为宗旨，以就业为导向”的职教方针。必须着重培养学生的实际操作和动手能力，突出就业岗位（群）所需要的“饭碗课程”，突出实践教学环节，加大实验实训课程的比例。因此，缺乏对高职人才培养目标和专业课程设置的深入了解，缺乏对高职公共课程的明确认识，教学中不能体现“以应用为目的和适度够用”的原则，过分地“夸大”数学在课程设置中的作用，过分地强调理论上严密、逻辑上严谨，教学中就会大大束缚教师的手脚，增加学生学习的难度。

要避免出现这种极端，要求从事高职教学的数学教师必须加强对高等职业教育的深入了解，掌握高等职业教育的特点、定位、人才培养目标、人才培养模式以及高职学生的特点，同时还要广泛开展课程调研，了解各专业知识对数学的需求。

综上所述，只有准确把握高职教育的培养目标，正确认识高数课程在高职人才培养中的地位和作用，下功夫制定课程标准并对教材进行合理整合，同时防止出现两种极端，才能使数学课程体现高职教育的特色，充分发挥其在高职人才培养中的作用。

三、构建新的高职高等数学教学体系

高等数学是高职院校一门重要的公共基础课。针对高职学生的特点，结合高职院校的培养目标及高职院校高等数学的现状，探索高等数学的教学目的、内容、地位及教学方法，以便体现出职业教育培养的是应用型人才的特点。

（一）新数学教育观

从小学到中学再到大学，数学总是最基本，也是很重要的一门课程。在新时代社会背景下，我们对数学和数学教育应有什么样的新认识？在全面素质教育中，数学教育起怎样的特殊作用？学生受到数学教育后，在其一生的工作与生活中起着怎样的作用呢？

新数学教育观认为，数学是抽象地、原创地研究关系结构模式的科学，是自然科学、社会科学的基础，又是高科技的基础，数学更是一种文化，数学的内容、思想、方法和语言已成为现代文化的重要组成部分。因而数学充分显示着一种科学精神、思想和方法，其富于创新的研究被视为人类智力的先锋，成为推动人类进步最主要的思维科学之一。

新数学教育观认为，数学教育不仅要重视学生的数学知识以及运算能力、空间想象能力的培养，其意义更在于通过数学知识、方法的教育而促使学生大脑发育和发展，培养人的科学文化素质，发展人的思维能力、创新能力，数学学习能够给人一生的可持续发展奠定基础。

新数学素质教育观认为，数学课程的素质教育具有“数学素质”与“一般素质”的双重意义。数学素质包括数学观念、数学思维、数学语言、数学技能、数学应用等数学学科素质；一般素质包括思想素质、文化素质、创新素质、思维素质、审美素质等综合素质。

（二）高职高等数学课程教学遵循的基础原则

按照高职教育的培养目标，高职高等数学应坚持“以应用为目的，必需、够用为度”的内容定位原则和坚持“以人为本、因材施教”的教学定位原则。

（三）高职高等数学课程改革的目标

高职高等数学课程改革的目标：一是“数学知识教育”（基础性），强调数学基础知识、基本能力；二是“数学实践教育”（应用性），强调数学知识与数学实践、数学建模等的广泛结合；三是“数学素质教育”（素质性），强调学生的文化、科学、创新及非智力因素等方面的培养。

（四）构建新的高职高等数学教学体系

建构主义学习理论认为，知识不是通过教师传授得到的，而是学习者在一定的情境即社会文化背景下，借助学习过程中其他人的帮助，利用必要的学习资料，通过意义建构的方式而获得的。它强调学习是学习者主动建构的内部心理过程，是学习者通过原有的认知结构，与从环境中接受的感觉信息相互作用来生成信息的意义的过程。高职学院学生入学时数学基础两极分化严重，另外，不同专业对数学内容有不同的要求，加之课时紧张，如何以人为本，因材施教成为教学结构改革的重点问题。高职高等数学教学体系应为必修课（一元微积分）+选修课（选学模块），形成“菜单式”教学结构。

四、高职高等数学课程改革的实践

以“必需、够用”为原则，淡化系统性和严密性，加强实践环节，运用现代信息技术，结合学生实际，进行分层教学，改革作业方式、考核方式，加强过程控制，提高教学质量。

（一）教学改革的具体实施

坚持走“实用型”的路子，培养学生思维的开放性、解决实际问题的自觉性与主动性，不从理论出发，而从专业实际需要出发。在内容深度上，本着“必需、够用”的基本原则，在内容构架体系上，坚持以实用性和针对性为出发点，以立足于解决实际问题为目的，把教学的侧重点定位在对学生数学应用能力的培养方面。具体做法如下：

1. 加强数学素质教育

为努力促进学生的潜能开发、培养健康心理品质及良好数学文化素养，使数学应用“面向大众”，注重数学在社会实践中的实际效用，采用了“问题解决”的教学模式：提出问题、分析问题、解决问题。由此完善学生的数学思维品质，增强数学应用能力，并帮助学生解决各种常规和非常规的问题。面对信息密集、节奏快变时代对数学教育的挑战，我们应对的基本策略就是培养学生稳定的、基本的、综合的数学素质，克服过分功利观所造成的危害。这里所提的基本数学素质，主要指数学知识、创造能力、思维品质和科学语言 4 个层面。拥有这些基本的数学素质，学生将终身受用，到了需要的时候，对学生的发展能够起以点带面的重要作用。

2. 强化学生对“够用”知识的掌握

树立了新观念：降低重心，加强基础；降低起点，更新内容。降低重心，就是把现有教材严密化和过分形式化的部分进行淡化处理；加强基础，就是要立足现实、着眼未来，把相对稳定的、重要的、简约的数学知识充实到高等数学教材中去，使它们得到应有的位置，并让这些重要的基础知识尽量与实际问题相联系，达到最终应用数学的目标；降低起点，就是要根据学生实际情况，在教学内容中适当补充所需要的基础知识，使学生能顺利学习后续知识；更新内容，就是要让一些现代数学知识及一些现实生活中急需使用的数学知识尽快渗透到数学课本中去，将繁杂的计算和在实际中应用不多的内容删除，依靠现代信息技术手段引入新的解决数学问题的方法。

3. 编写适应高职学生的教材

为提高学生学习高等数学的积极性，消除学生对数学的恐惧感，引导学生学习“用数学”，在教学内容安排上，我们尝试开展“案例”教学，选题尽量紧贴现实生产和生活，使学生从中不断地感受数学在现实中的应用途径和方法。

教材及讲义在内容深度上，本着“必需、够用”的基本原则，选择了各专业课程需要的基本内容。在内容构架体系设计上，尽量避免以往同类教材中“系统性和严密性”的套路，坚持以实用性和针对性为出发点，以立足于解决实际问题为目的，把教学的侧重点定位在对学生数学应用能力的培养方面。

4. 结合学生实际，进行分层教学

根据学生的基础和实际需要，改变高等数学统一学时、统一内容、统一要求的“一刀切”的传统做法，形成了必修、选修和提高三个教学层次。对必修部分要求所有学生必须熟练掌握，为学习后续课程打下良好的基础；选修部分内容按照专业需求组织学习；对学有余力的同学进行更深一步的强化，提高他们应用数学思想解决实际问题的意识和能力，为学生参加数学竞赛和“专升本”打下坚实的基础。

5. 加大教学方法改革的力度

对于数学基础差的同学，高等数学抽象难懂，如何让学生学懂，如何处理好两极分化进行分层教学的问题，理论上，我们将系统科学应用于教学中。操作上：实行“分层教学”，在现有条件下，一次课分两个阶段，分别对两极同学教学，内容上、要求上有改变、有区别；实行“循环教学”，一项教学内容至少涉及两次课，即新课是在复习旧课的基础上展开，循环重复；实行“讲练结合”，每次课精讲多练，多次讲练结合；实行“多种讲法”，内容从具体到一般再到具体的讲解路线进行讲解。

（二）课程整合重组适应分层培养要求

从基础课为专业服务的观念出发，经过院内外充分的调研分析，在既突破传统体系，又尊重数学逻辑的前提下，对课程进行细化，根据“以‘必需、够用’为原则，淡化系统性和严密性”要求，对数学课程进行优化处理和分层。

课程内容的形成充分适合学生的基础并体现了层次化：根据高职学生的特点，尽量淡化严密的理论证明，减少枯燥的数学符号，但加强了数学思想的启迪和数学思维的培训，力争把学生从复杂抽象的逻辑推导和繁杂的运算中解脱出来。除了专业差别外，还对不同学习层次的学生采取因材施教的教学原则。对有意冲击“专升本”的学生，开设高等数学复习课程，梳理知识、填补空缺、强化训练、系统指导；对学有余力的学生，开设数学建模选修课，为参加各级数学建模竞赛、培养学生创新精神和动手能力创造有利条件；对偏爱数学的学生，开设数学文化与欣赏课，使他们在文化层次上享受数学，陶冶情操。

这样的布局与安排，既精简了课时，又使学生的知识结构、能力结构得到优化整合，体现了因材施教，“必需、够用”和个性发展。

第三节 高职高等数学教学方法和教学手段改革的探讨

高职院校的教育教学是一项将理论与实践紧密相结合的工作。高职院校的教师除了需要具备丰富、扎实的理论知识，还需具备熟练、过硬的实践基础，对于理论知识和实训实践的结合能够具备熟能生巧、灵活教授、运用于实践的功底。

一、高职学生数学基础的调查分析

高职院校的教师如何在理论知识的讲解上清晰明了、通俗易懂，以及在实训实践课上充分地培养学生的动手、思考和创新能力具有十分重要的意义。通过教学及实践工作，体会和总结了诸多的高效教学方法和手段，对教师的教学及学生的学习均有很好的指导和学习作用。

（一）“高职”学生不是“高质”学生

近几年来，由于高考政策调整、高校扩招，大部分学习基础中等以上的高中毕业生基本上进入本科院校学习。进入高职院校学习的学生，一部分来自学习基础相对薄弱的高中生，另一部分则是通过对口升学招收的职高生。为了满足生源，一部分高职院校不得不降低招生门槛，这使高职生源质量受到了一定程度的影响，一部分学生在学习上存在着不同程度的障碍。

（二）高职学生数学学习障碍分析及对策

对该部分学生如何完成数学课程的教学任务？如何因材施教，实施素质教育？必须从学生的非智力因素入手找对策。教师必须首先弄清学生数学课程学习的障碍及原因，再根据教学原理制定出相应的对策。

1. 高职学生学习障碍及成因

（1）缺乏学习动机和积极的归因模式

奥苏伯尔指出："动机与学习之间的关系是典型的相辅相成的关系，绝非一种单向性关系。"成就动机强的人对学习和工作都非常积极，对事业富有冒险精神，并能全力以赴，希望成功。他们希望得到外界的公正评价，并不过分重视个人名利。这些人能约束自己，不为周围环境所左右，他们把成败常归于自己能控制的主观因素，如个人的努力程度，他们对未来的成就寄予较高的希望。学业不佳的学生，或归因于自己能力低，从而丧失学习兴趣，产生自卑感，最后厌学弃学，或归因于教师能力差，水平低，教法不当，讲得不清，板书不细，或归因于课堂纪律不好，没有良好的学习环境和积极向上的学习气氛，从而缺乏学习的动机。

（2）缺乏数学课学习兴趣

对数学的热爱和浓厚兴趣是有效地学好数学课程的先决条件。但许多学生却因以下原因缺乏学习兴趣。

因学习内容的难度增加所致。高职高等数学课程根据不同专业课程的需要，一般来说，涵盖一元与多元微积分、微分方程、级数、线性代数、概率统计等相关内容，抽象理论多，能力要求高，部分学生由于基础不扎实，思想上没有足够重视，跟不上进度，学习中的问题越积越多，成功的体验也越来越少，学习兴趣逐渐减弱。

因缺乏恒心所致。有些学生因没有吃苦耐劳的精神，没有顽强拼搏的毅力，一遇到困难就退缩，长期下去，就失去了学习兴趣。

因逻辑抽象思维能力差所致。数学课程的学习需要有较强的逻辑思维能力，有些概念不大容易理解，时间一长，就失去了学习兴趣。

（3）缺乏良好的学习习惯，没有有效的学习方法

这些学生惰性大，依赖性强，学习不主动，课前不预习，课后不复习总结，课内不做笔记，或根本不知如何听课，作业不规范，思路不清晰，做作业喜欢对答案，甚至抄袭，考试总想方设法作弊，整个学习过程无计划，无目标，无措施，遇见问题不问，不懂装懂，缺乏学习责任心，把学习当成休闲。

（4）缺乏良好的学习心态

学习焦虑紧张，害怕测试考核，情绪惶恐多思、抑郁沉闷，而对教师提出的问题虽然思考，但不深刻，是肤浅和一知半解的描述。在思考问题的同时情绪紧张，常担心被教师喊到回答问题，一旦被提问，常因过度紧张使问题表达缺乏层次。感情脆弱、意志不坚，无法经受失败和挫折的考验。学习顺利时，兴趣越高信心越足，但稍有不如意，就消沉自卑，丧失进取心和学习兴趣。

（5）基础能力水平低

对新环境、新教师、新教法难以适应，或适应时间长，或调控能力差，一开始就跟不上进度。

知识迁移能力不足。例如，理解二元微积分，可以把一元微积分作为类比，理解空间解析几何，可以把平面解析几何作为类比，等等，思路是差不多的，但大部分学生不能把学过的知识结合起来，学习头绪不清。

（6）好高骛远不切实际

有些学生本身基本功不是很好，但不认真钻研教材，掌握基本概念和基本运算技能，却一味地求深求难，最后浪费了宝贵的时间，白白浪费了精力，不仅事倍功半，而且学得的知识零碎，不能构成完整的知识体系。

（7）不良的家庭环境对学习的冲击

学生受社会环境影响，不能正确处理好休闲和学习的关系，大部分精力投放到游戏、娱乐上，玩物丧志，虚度青春，学生家长对自己的孩子又不能形成有效的制约。如学生终日迷恋上网、游戏，整日手捧课外读物，热衷于交友游玩，他们上课无精神，作业不完成，学习无兴趣。

2. 解决高职学生学习障碍的对策

心理活动是人类活动的基础，无论哪种教育，都应以培养和激发学生的非智力因素为前提，以发展学生的非智力因素为教育的目标之一，也是素质教育的突破口和关键。数学课程的教学如何体现这一原则，应关注以下几点。

（1）增强学生学习数学的动机

学习动机的培养是家庭、学校、社会及个体本身共同作用的结果，作为基础课的学习要把动机的培养、激发、强化贯穿于教学过程的始终。高职高等数学课程的教学，要始终贯彻“以应用为目的，必需、够用”的教学原则，要结合专业需要，从基础入手，由易到难、由浅入深，要让学生意识到数学课程的学习对核心专业课程学习的重要性，如果教师介绍的内容与学习者的需求结合恰当，就会产生兴趣，就会对数学的学习给予关注，慢慢地就养成认真听课、认真完成作业的习惯，从而激发学习数学的积极性和主动性。作为教师要指导学生制定学习近期和远期目标，经常检查学习结果，督促其完成目标。

高职学生入学后，因环境等因素的变化，加上高职高等数学课程相对高中阶段难度增加，一部分学生一时不能适应，这是很正常的。作为教师，要正确引导学生总结学习过程中的经验教训，做积极的归因分析，多从自身因素寻找，获取学习成功的突破口。要利用课余时间多进行数学学习方法的指导，要让学生正确认识学习中常见的“越学越糊涂，明白的学糊涂了，自我感觉退步了”的正常现象。学习本身就是由低级的有序到高级的无序的认知过程，呈螺旋式的上升，从糊涂中学明白，是一个艰苦、求是、提高、升华的过程。

（2）培养学生学习数学的兴趣

认真上好每一节课，备课是关键。上课之前，任课教师要做到四个准备，即备教材、备教法、备专业、备学生，不上无准备之课。要准确地把握每次授课的重点与难点，使课堂教学重点突出、层次分明；要研究学生的心理，掌握高职学生的特点，探索用学生易于接受的方法进行教学；要时刻体现以应用为目的的教学原则，根据不同的专业的需要适当精简整合教学内容；要把学生当成课堂教学的主体，充分考虑学生的接受能力，甚至对学生在课堂上突然提出的问题都要进行充分的估计。

知识没变，但学生在变；内容没变，但方法和手段可以改变。一本老皇历，年年照着念的做法是不可取的。

特别注意学习障碍生的课前和课后的个别辅导。要帮助他们树立信心，引导他们形成解决问题的方法和技巧。教师在教学上要分层次，分层设计课堂提问和阶段性检测试题，让他们都有展示自我、体验成功的机会。要善于发现和充分利用他们的长处和闪光点，让学生体验到自己的能力和潜力，有助于他们重新获得学习数学的信心和勇气。

要处理好尊重爱护和严格要求的关系。教学是通过外在的科学、合理、严格的要求，逐渐内化为学生认知的需要和实际行动。学生的主体性只有在良好的环境、严格的科学管理体制下才能充分实现。学习障碍生缺乏认知需要，缺乏内在动力，对学习不感兴趣，感觉不到学习的快乐。为了寻找心理平衡，他们往往以违反课堂纪律而宣告自己的存在。他们存在一系列心理矛盾，自高而自卑，坚毅而脆弱，独立而依附，进取而自弃。我们要尊重他们的独立个性，爱护他们脆弱的自尊心，真诚地关心，耐心地疏导，热情地帮助，清除他们的对立情绪和对学习的困惑，同时要有一套严格合理的措施。尊重学生是严格要求的前提，只有真诚地关怀和尊重学生，相信他们的力量和能力，才能提出中肯的合理的严格要求，也只有在尊重和信任的基础上提出严格要求，才能促进学生克服困难，自觉地履行要求，逐渐形成坚强的意志和品格，使他们朝自身认知发展的正确方向前进，实现其人生价值追求。

二、高职高等数学教学方法与教学手段的探讨

对于一门新课程，学生对将要学习的知识以及今后的应用方向不是很清楚，如果教师在授课之前不对该门课程所涉及的领域及应用方向进行介绍，不说明课程的实用性、重要性及该门课程在专业课及其他课程中的重要地位，将影响学生学习该门课程的兴趣，激发不出学生学习的主动性、积极性和创造性。

（一）转变思想提高认识

高职的高等数学教育不应过多地强调其逻辑的严密性、思维的严谨性，而应重视培养学生思维的开放性、解决实际问题的自觉性，从而提高学生的文化素养和提供就业上岗后满足岗位职责所需的数学知识。因此，高职的高等数学教学内容必须充分体现“以应用为目的，必需、够用为度”的原则，体现“联系实际，深化概念，注重应用，重视创新，提高素质”的特色，培养学生基本运算能力和分析问题、解决问题的能力。

这样，数学教师的任务就是：使学生在拥有必备的高中数学知识以后，紧紧结合专业培养目标进行教学内容改革，按需“取舍”高等数学内容，使其内

容结合专业，突出培养专业人才的目的。

比如，学企业管理的人，在今后的工作中与曲线的凹凸及函数图形的描绘等问题很少接触，也就没有必要花很多时间来学习这些内容，要把重点放在今后工作中天天都要接触的单利、复利、税收、最小投入、最大收益、最佳方案等知识点上，这对其更实用、更有价值。同时，直接选取专业课程的相关内容作为例题、习题讲解和练习，强调知识的应用。通过反复学习，学生得以反复记忆，直到熟练掌握，这更有利于所培养的人才在今后的工作中能够胜任其岗位职责，为用人单位创造更好的效益。同时，为了加强对学生素质、能力的培养，也可将高等数学的内容做一些重新“整合”。比如将不定积分和定积分合为一章，先讲定积分的概念和性质，然后通过牛顿－莱布尼茨公式建立起定积分与原函数（不定积分）的关系，再讲基本积分法，这样既突出重点，又便于理解。

又如，结合电信类专业的特点，在讲级数一章时，适当补充若干应用实例，特别是传统数学教材讲傅立叶级数时，只讲如何展开，学生并不明白为什么很简单的式子还要展开成那么复杂的式子。而电信专业课中又不讲数学来源，如果在教学中将两方面结合起来讲了半波、全波整流，方波、锯齿波的产生，使学生真正弄明白一个正弦波通过二极管的单向导电后产生的半个正弦波中为什么有直流分量和高频分量，这些分量有多大，这就为电路的设计与维护提供了理论依据，收到了好的教学效果。

在计算机类专业数学课程教学内容的设计中，结合专业的特点和需要，仅介绍一元微积分的基本内容，对于多元函数和多元微积分则没有介绍；在线性代数部分，主要介绍矩阵的思想和方法以及求解线性方程组的基本思路；在概率统计部分，着重介绍基本的概率计算方法、随机变量及其特征；在离散数学部分，只介绍集合论、简单数学逻辑和简单的图论方法。

（二）高职高等数学教学方法与教学手段的探讨

1. 结合专业讲清概念

在讲解数学概念时，能从学生熟悉的生活实例或与专业相结合的实例中引出，效果会很好。例如在讲导数概念时，除了举出书本上变化率问题中介绍的变速直线运动的速度外，还可结合不同专业，多介绍一些变化率的问题。用学生将要大量接触的与专业有联系的实例讲概念，能够使学生建立正确的数学概念，能够提高整体教学效果，也能拓宽学生的思路，有利于提高学生把实际问题转化为数学问题的能力。

2. 化繁为简，减少理论推导

数学，尤其是高等数学，向来以抽象著称。过去大家认为，有机会学习高等数学的都是“精英”。而职业教育使这种“精英教育”变成了“大众教育”，受教育的对象是企业未来的“高级蓝领”。所以职业教育中的高等数学教学，不在于教师的理论水平有多高，对数学公式、定理的论证多么完美，重要的是学生学到了什么，是否会应用。我们培养的人才的从业岗位，决定了他们不必对数学公式、定理的来龙去脉像本科学生那样要搞得清清楚楚，而是能用这些公式来解决实际运算问题。因此，在课堂教学中，不必要的、花时较多的理论推导、公式证明都可删减。例如讲函数极值的必要条件、函数单调性定理时，就可不做严格的数学证明，只要给出几何图形，做出几何说明，学生也就能接受了。把用于推导公式的时间来让学生反复利用这些公式做更多的练习，解决具体问题，效果会更好，更符合培养目标的要求。

3. 加强数学实践教学

传统的数学教学，非常重视对学生运算能力和运算技巧的培养；对于技术技能型人才，从业以后不会要求其用严密的逻辑来证明一个纯数学问题或公式。数学是其从事专业工作的工具，学数学主要是为了用来解决工作中出现的具体问题，这种人才规格决定了使用数学工具的重要性。鉴于计算机的广泛应用以及数学软件的日臻完善，为提高学生使用计算机解决数学问题的意识和能力，激发学生的兴趣，可以尝试高职高等数学的教学与计算机功能结合，增加计算方法与教学软件的内容，使学生学会借助计算机进行数学学习和计算，培养学生的自学能力，为终身学习打下基础。为此，我们数学组开设了一门数学软件——Mathematica，大大增强了学生的操作能力和应用能力。

第四节 高职高等数学教学评价改革的探讨

高职教育培养的是适应生产、建设、管理、服务第一线的高等应用型人才，实施素质教育已经成为高教界的共识。新的高职教育的人才培养模式更加重视素质教育，在这种新的人才培养模式下，需要建立一种宽松的开放式的以发展学生能力为主的教学体系，重新认识考试的意义，对考试功能重新进行定位，对考试内容、考试方法、评价体系等进行改革。

一、高职高等数学课程考试模式改革的意义

随着高等高职教育的不断发展，越来越多的学生得到了各类不同层次的高等教育，使“精英教育”逐渐转化为“大众教育”，同时，也出现了学生基础参差不齐、学习能力良莠不齐等现象，从而给高职教学带来了诸多问题。

（一）数学教育的地位和作用

数学与人类文明、与人类文化有着密切的关系。数学在人类文明的进步和发展中，一直在文化层面上发挥着重要的作用。数学不仅是一种重要的工具或方法，也是一种思维模式，即数学方式的理性思维；数学不仅是一门科学，也是一种文化，即数学文化；数学不仅是一些知识，也是一种素质，即数学素质。数学训练在提高人的推理能力、抽象能力、分析能力和创造能力上，是其他训练难以替代的。数学素质是人的文化素质的一个重要方面。数学的思想、精神、方法，从数学角度看问题的着眼点、处理问题的条理性、思考问题的严密性，这些对人的综合素质的提高都有不可或缺的作用。较高的数学修养，无论在古

代还是在现代，无论对科技工作者还是企业管理者，无论对各行各业的工作人员还是政府公务员，都是十分有益的。随着知识经济时代和信息时代的到来，数学更是无处不在。各个领域中许多研究对象的数量化趋势愈发加强，数学结构的联系愈发重要，再加上计算机的普及和应用，给我们一个现实的启示：每一个有较高文化素质的现代人，都应当具备一定的数学素质。因此，数学教育对所有专业的大学生来说，都必不可少。

（二）高职高等数学课程教学效果分析

高职高等数学课程的设置沿袭普通高教数学课程的模式，忽略了职业教育的社会经济功能，如“经济数学”课程的数学理论较深，在旅游、经贸、商务等专业中与专业课程衔接不紧密，渗透力度浅，教师的教学方法呆板，以课堂纯理论讲授为主，“满堂灌”现象普遍，况且高职学生的生源较普通高等教育的基础差，学生容易对数学产生惧怕心理，数学教学效果不尽如人意。有些高职院校教学计划中干脆不设置数学课，或将数学课作为选修课，这对人才培养的综合素质的提高极为不利。陈旧的数学考试模式制约教学模式的改革，影响数学教学目标的实现。因此改革数学考试模式，转变数学学习评价标准，将在一定程度上解决上述存在的问题。

二、高职高等数学课程考试模式现状及存在的问题

长期以来，数学考核的唯一形式是限时笔试，试题的题型基本上是例题的翻版，是纯粹的数学题目。这种规范化的试题容易使学生养成机械地套用定义、定理和公式解决问题的习惯，而一些思维灵活但计算不严谨的学生往往在这种规范的试题中失分较多。显然这种考核形式并不能真正检验和训练学生对知识的理解和掌握，特别是目前，由于高职院校采取“宽进”方式吸引学生入学以缓解生源不足的矛盾，造成了学生整体素质偏低。这种考试形式只能使教师面对考试成绩表上一片“红灯”和逐年增加的不及格率，在“学生一届不如一届”的叹息中无可奈何，使学生在消极被动地应付考试的过程中对数学的恐惧与日

俱增。

考试影响着学生对学习内容和学习方式的选择，与高职教育的人才培养目标相比较，现阶段高职高等数学课程的考试模式存在诸多弊端，主要体现在以下几方面。

（一）考试功能异化

目前数学考试与其他学科一样强调考试的评价功能，其表现主要体现在对分数的价值判断上，过分夸大分数的价值功能，强调分数的能级表现，只重分数的多少，这样只能使教师为考试而教，学生为考试而学。考试功能的片面化必然导致教学的异化——师生的教与学仅为考试服务，考试就意味着课程的终结。这种考试只能部分反映出学生的数学素质，甚至只是反映了学生的应试能力，并使学生的这一方面能力片面膨胀，其他素质缺失。

（二）考试内容不合理

数学考试内容大多局限于教材中的基本理论知识和基本技能，就高职教学特点来讲，数学的应用性内容欠缺，数学理论性要求偏高，过多强调数学逻辑的严密性，思维的严谨性，遇到实际问题，不知如何用数学，教学的结果仍是以知识传播作为人才培养的途径，考试仅仅是对学生知识点的考核，应用能力、分析与解决问题能力的培养仍得不到验证。

（三）考试方式单一

数学考试模式长期以来基本上是教师出各种题型的试题，学生在规定时间内闭卷或开卷笔试完成。理论考试多，应用测试少；标准答案试题多，不定答案的分析试题少。很多学生采取搞题海战术的方法应付，忽视了掌握数学学科的思维素质。

（四）数学考试成绩不理想

高职高等数学的考试模式与教学模式以及学生层次的复杂，使学生学习数学的积极性和效果不理想，造成数学成绩不合格率在文化基础课中占领先地位。

三、高职高等数学课程教学评价创新的探讨

高职院校的高等数学考试不同于高考中的数学考试，也不同于研究生入学考试中的数学考试，它的主要目的不是为了选拔人才，而是为了评价学生的学习质量和教师的教学质量。限时完成规范化的试卷是不可能准确地评价出这种质量的，那么如何比较全面而又较准确地进行评价呢？

为了适应加强对学生数学素质、能力考核的要求，配合高职高等数学教学内容和教学方法的改革，将学生的总评成绩分成三块：一是平时成绩（占40%），包括到课情况、课上表现、平时作业、数学实训成绩等；二是开放式成绩（占 20%），这部分考核以数学建模的方式进行，由学生自由组合，5—6 人一组，教师事先设计好题目（例如按揭贷款月供的计算），规定完成的最后期限，学生可根据需要查找相关资料，并对计算的结果进行数据分析，结合实际给出可行性建议，最后以论文的形式上交评分；三是期末考试成绩（占 40%），这部分以考核学生基本理论知识、基本计算能力为主，按传统的方式考试，限时完成。考核成绩比例会根据实际情况有所微调。

实践证明，这样的考核方式既可以考查学生对数学知识的理解程度，又可以改变考试成绩表上的一片“红灯”和不及格率逐年增加的现象，有利于帮助学生端正数学学习态度，克服恐惧感，有利于培养学生的自学能力，为终身学习打下基础，有利于培养学生以所学的数学知识解决现实问题的主动性和创造性。

高等数学不仅是学习其他课程的基础，还是整个高职教育的基础，甚至是终身教育的基础。“培养应用型人才”是高职院校的培养目标；提高学生的数学素质，逐步将所学数学知识转化为技能，是高职教育数学教学改革的重点。在数学教学中，为努力实现这一目标，在培养学生的能力上，强调教会学、教会用。对如何体现理论与实践相结合的思想，渗透应用意识，培养数学应用能力、创新精神及创业能力和可持续发展能力等问题进行了有益的尝试。经过几年的探索与研究，构建了基本适合高职特点的课程教学体系，具体体现在新形

态教材的开发上。在新课程教学体系实施过程中，纸质教材与电子教材相结合、线上教学与线下教学相结合、教材的每个知识点都配有相应的二维码，学生可随时随地观看，不受时间和空间的限制，充分利用学生的碎片化时间，有利于学生课前预习与课后复习，教学效果和学习质量上了一个层次。基础模块与应用模块内容设置合理，可操作性强，且收到了显著的效果，而提高模块往往因为多方面的原因在各所高职院校均很少真正得到实施。

第二章

建构主义理论在高职高等数学教学中的应用

本章以高职高等数学教学为主线，以建构主义学习理论为主要指导思想，以如何运用建构主义教学思想来进行高职高等数学教学为主要研究内容，经过“运用—反思—吸收—建构”的研究思路，将建构主义教学思想运用到教学中去，来解决目前高职教学中存在的一些问题，同时通过观察学生学习的情况来反思和调整教学中存在的不足之处，积极修改，以完成真正意义上的建构，形成具有高职特色的数学课程教学体系。

第一节 建构主义学习理论

建构主义可以被称为是当代教育心理学中的一场革命。它认为学生是学习的主体，是知识意义的主动建构者。学习的过程是意义建构的过程。教学是培养学生主体性的创造活动，是积极建构的过程。教师帮助学生主动建构。近几年来，建构主义得到了许多新的发展，包括与网络相结合，充分运用信息技术手段。

一、建构主义学习研究背景

在高职院校中，高职高等数学是工科类学生的基础课程之一，对培养学生的学习思维能力和今后工作中的实际应用能力都有着积极的作用。由于大学生的不断扩招，高等教育已逐渐大众化，随着部分示范性高校的单独招生，目前高职学生的整体水平有所下降，高职高等数学的教学现状也是令人担忧的。

（一）生源的问题

由于大多数高职院校的部分专业都是文理兼招的情况，导致高职学生的数学基础参差不齐，且在高中学习阶段，对理科生和文科生的数学学习的要求是不同的，在内容上也有些差异，有些文科生仅仅学完了初等数学部分，因此，高职院校中各个专业同一个班级的学生数学基础存在着较大差别。同时部分学生对数学学习的兴趣不大，态度不端正，没有足够的重视，形成了认为基础不好就不学数学的抵触心理，消极地对待数学学习，没有从根本上认识到学习应用数学的重要性和价值。

（二）教师的问题

同样的，高职高等数学教师也存在一定的问题，部分高职院校的教师还是沿用传统的“黑板加粉笔”的教学方法和“不好好学就不及格”的教学手段，教学内容也较单一。此外，很多教师在数学的教学过程中还像普通大学教师一样片面地重视理论性，过多地强调教学的系统性和抽象性，而忽视了数学教育在高职院校各专业中的实际应用性和可操作性。尽管有些教师进行了改革，开始运用多媒体或借助互联网进行教学，也只是在形式上进行了改变而已，甚至出现了由于过度依赖多媒体教学，导致信息输入量过大，学生不能及时吸收，或导致学生不愿思考，而慢慢地产生了厌学的情绪。同时，有些教师不能认识到学生的实际情况，不能及时地进行调整，在数学的教学中没能进行因材施教，更不要说根据学生的实际情况改变教学目标和教学要求。而且有些老师认为自己教学没有问题，是学生自身的问题，从不去反思学生为什么不学习。甚至出现了课堂上教师自言自语，学生自娱自乐的局面，教师与学生之间出现了无法跨越的鸿沟。再者，教师的继续深造也面临一系列问题，因为高职院校的领导大多不重视基础课程教学的教师继续深造，所以高职院校的数学教师很难有机会外出培训学习，与外界的交流也就少了，因此，教师的整体素质和教学质量就无法进一步得到改善。

（三）教学的问题

在教学方面也出现了一些情况，最初的高职高等数学的知识结构定位是比较高的，以一元微积分为基础模块，然后根据不同的专业需求，选修微分方程、级数、拉普拉斯变换、线性代数、概率与统计等相关内容。虽然教材在不停地完善，也使用了新形态教材，但在某些方面仍然没能体现专业特色，而要想完成这些学习任务，掌握这些知识，对高职学生已有的知识结构、学习能力等都有一定的要求，也就使学习存在一定的难度。造成了高职学生进校后发现数学学习与教学和高中的区别不大，原来努力都学不好，现在自信心更加不足了，也就更不想学了，也有一部分学生刚进校时还充满了学习兴趣，但因为学习方法没有根本的改变，坚持不了多久就放弃了。因此，高职学生的整体数学水平实际在下降，更不要说教学活动的有效实施了。同时，因高职教学重实践的特点，基础课教学课时相对较少，高职高等数学一般在第一学年上学期或下学期开课，每周 3 或 4 课时，总课时 60 节左右，同时按惯例，一年级新生在第一学期由于晚报到，军训及入学教育等造成上课时间要晚 4 周（约占学期的三分之一）。因此，在这样的环境下，如果没有好的教学方法与手段，不管采用何种努力，教师都要赶课，想方设法压缩内容。这样也就直接影响了教师的教学质量与效果，同时增加了学生的学习压力。因为课时压缩，部分专业尽管对数学知识的需求较大，但在课堂上却根本得不到满足。有些专业在课程设置时，把数学缩减到 40 课时，还集中到一个学期上完，只能把数学知识简单地，走马观花式地告诉给学生，基本上连专业需求的基本数学知识都得不到满足，更不要说为学生后期的发展打基础了。

（四）研究目的

建构主义学习理论的出现为我们高职高等数学教学改革打开了思路，提供了保障。建构主义学习理论强调以学生为中心，不仅要求学生由被动接受者转变为主动学习者，而且要求教师由传授者转变成学生主动建构主义的指导者、促进者。其核心概括为：以学生为中心，强调学生对知识的主动探索、主动发现和对所学知识的主动建构（并非单纯地把知识强加给学生的传统教学方式）。从真实的生活中提炼出一系列的数学知识，从现实存在的问题中建立有效的数学模型，从生活规律中来寻找具有代表意义的数学思考。建构主义学习理论强调学习者的自我建构、自主探究、自主发现，贴近学生的学习生活及真实的社会环境的情境性学习方法，重点在于注重学生的学习兴趣和生活经验以及基础知识和专业技能。就是说教师应该首先想到的是如何让学生在自己的引导下认真对待学习，学会自己学习，掌握这种学习理论，让学生认识到学习建构主义学习理论的教育思想，必须深刻认识到它的教育特点及对高职高等数学教育的适用性，再进一步结合高职教学的特色，以培养学生在生活、生产中的应用能力为主要目的，以及融合一些传统教学中好的理念，应用当中渗透着一种数学思想及数学文化的领会与传播，灵活运用建构主义学习理论来重新建构高职高等数学课堂教学，以真正地达到提高学生学习数学的兴趣及综合能力，并且在培养数学专业素质的基础上增加交流、自学、主动思考、团体合作等素质的培养来具体解决高职高等数学教学的问题，这就是建构主义学习理论研究的目的与重点。

（五）研究的意义

建构主义学习理论对于学习的高级阶段是比较适用的，且理想化成分也是很重的。所以对于发展中国家来说，在基础教育阶段还有待大力普及、整体师资水平也渴望提高的情况下，学习建构主义学习理论应该是适合我国高职教育的，但要注意必须根据我国目前的实际情况，取其精华，去其糟粕。

1. 现实意义

（1）有利于学生认知、情感、技能目标的均衡达成

在数学学习中要充分尊重学生的主体地位，建构活动是在学生已有的数学认知结构基础上，而不是对数学知识的直接翻版。让学生成为学习的主体，拥有学习的自主权，通过这种方式有助于充分地调动学生的认知、情感、行为、生理等诸多因素参与，有助于促进学生的探索和发展，进一步加深对所学内容的理解。学生在数学学习中会产生出不同的特性，对相同的数学知识在理解上会有不同侧重点、不同程度上的差异。这些因素决定了在数学的教学过程中必须把学生放在主体地位，要充分考虑到学生的个体差异，根据不同的情况进行教学，以便充分发挥每个学生自主学习的主观能动性，使各项培养目标均衡达成。

（2）有助于提升学生原有的知识结构

数学学习的过程是以学生已有的知识结构为基础的自主建构的过程，高一层次的学习是以初级阶段的学习为前提的，所以，有良好的数学基础对更高一层次的数学学习是有很大帮助的，学习本身是个循序渐进的过程，但是循序渐进并不是一个简单重复的过程，而是一种螺旋式上升的过程，教师既要引导学生对数学知识进行全面的理解，又要及时地把学习引向更高的一个层次，丰富

学生的经验系统，以有助于提升学生原有的知识结构。

（3）为高职教学注入了活力与生命

建构主义学习理论十分注重情境教学对学习者理解概念或原理的重要性。所以在日常教学过程中教师应尽量创建较为真实、生动的教学环境，使学生在学习的过程中能够处在高度集中的状态。引入悉心准备的课题会调整好学生在课间休息时的精神状态，将注意力放在本节课的学习上，让学生认识到本节课的学习目标和需要解决的疑难问题，从而激发学生的学习兴趣。巧妙地将课题引入到教学过程中，让学生在愉悦的学习环境中学习。心理学研究表明：兴趣的产生和保持有助于成功。让学生全面地参与到教学过程中来，会有一些成功的体验，如果在表现的过程中让学生取得了成功，此后学生的学习热情就会更大。这种成功的喜悦会让学生拥有更高的学习激情，会再次激起高职学生的求知欲，继而再次激发学生学习的兴趣。依据建构主义学习理论的观点，教师与学生在教学中的关系也在不断地变化，因此，随着教学过程的不断延伸，学生学习的逐步深入，教师与学生的关系发生了微妙的变化，学生开始懂老师了，这时，教师应慢慢放手让学生进行独立自主的学习，逐步让学生在学习中自主地寻找自信，感受收获的喜悦，逐渐减少对学生的学习指导，真正意义上实现“学的真谛在于‘悟’，教的秘诀在于‘度’”。每个学生均可从互动中受益，获得认知成长和人格发展。这种社会性交互作用弥补了传统情感和社会性的缺失，对于我们正确地认识教学的本质，减轻师生负担，提高学生参与度，增进教学效果，具有重要的指导意义。

（4）有利于学生后续专业学习

教师在讲解高职高等数学时应与高职学生所学的专业知识紧密结合，以学生较为熟悉的生活实例和专业实例为出发点，在课堂教学中尽量减少乏味的理论知识，突破课本和教学内容的局限性，结合学生专业特点，导入相关案例，引入专业模型，从而顺利归纳出数学概念。例如，极限、导数、微分等重要数学概念都可以导入不同的教学实例，将所学专业知识和技术反映到实际教学中，将理论知识与实际案例相结合。通过引入的专业案例有效地激起学生的学习兴趣，活跃学生的思维，解决了一直以来高职高等数学的枯燥乏味、深不可测、高职学生的学习自主性不够以及所学的数学知识与专业不相符的情况。所以高职高等数学教师要清楚哪些教学内容是专业课所需要的，对所教专业的专业课程也应有所了解和熟悉，并将高等数学在专业课的应用和实际中的应用引入到教学中，拉近高职高等数学与专业的距离，为学生后续发展提供有力的支撑。

2. 理论意义

（1）有助于高职教师专业化发展

通过学习建构主义学习理论，认清传统教学的优点与不足之处，结合国外教育研究的成果，综合高职学生的特殊性及高职教学的特殊性，灵活地运用建构主义学习理论于教学中，通过学生对学习及教师的评价来寻找自己的不足之处并进行修正，保持学生的个性，让学生学会正确学习数学的态度及方法，做到真正意义上的个性化教学，让教师对自己的教学、学习有一定的认识，走上专业化发展的道路。

（2）有利于高职高等数学特色体系的形成

高职高等数学教学一直是在通识教学的基础上来进行修改的，没有考虑过高职培养目标，更谈不上高职高等数学特色，通过运用建构主义学习理论，重新认识学习的意义，努力转变数学教学课程的实施过多要求强记、机械训练的现状，通过设计情境、生活体验，更多的是与学生一起学会应用数学，鼓励学生积极参与到学习中来、自主探究，培养学生分析和处理问题的能力、学习新知识的能力以及师生和学生之间的交流与合作的能力（此教学目标充分展示了建构主义的学习要求）。转变课程评价过于强调选拔和甄别的功能，充分发挥评价高职学生的发展、教师教学技能的提高以及完善教学实践的功能，逐渐形成具有高职特色的数学教学体系。

建构主义学习理论是对学习的认知理论的一大发展，它的出现被人们誉为当代教育心理学的一场革命。建构主义强调：意义不是独立于我们而存在的，个体的知识是由人建构起来的，对事物的理解都取决于事物本身，事物的感觉刺激对个体的本身没有意义，意义是被建构起来的，取决于我们原来的知识经验背景。由于原有经验的不同，不同的人对同一种事物会有不同的理解。从目前的情况来看，针对传统教学的一些不足之处，从而提出建构主义学习理论。传统的教学弊端主要有：教学内容的不完整、教师自身的惰性以及教学手段太过单调等。怎样减少学校学习与现实生活之间的差异，进行灵活的教学，这是建构主义者普遍关注的一个问题。

二、建构主义理论的流派

建构主义从多个角度对传统认识论进行了反思且在此基础上建立了有关学习与认知的不同流派。其最有代表性的是：激进建构主义、社会建构主义、社会文化取向、信息加工建构主义等。虽然这些流派在侧重点方面存在一些差异，但对学习与知识的看法基本上是一样的，也可以说是互补关系，并从教学观、学生观、学习观、评价观和知识观等方面对基础教育中强调的素质教育有着正面的影响。

（一）激进建构主义思想

激进建构主义是在皮亚杰的思想基础上发展起来的，其主要代表人物是著名思想家斯泰菲和冯·格拉塞斯费尔德，他们的思想理论主要有两条：知识是由认知主体本身主动地建构形成起来的，并不是由个体通过感觉被动地接受而成的，建构则是由新旧经验在形成过程中的互相作用而完成的；认知的机能不是去发现本体论意义上的现实，而是去适应自己的经验世界，帮助组织自己的经验世界。激进建构主义者认为我们不可能认清世界的原本面目，并且也不用去妄自推测它，而我们坚信的认定是我们自己的经验。因此冯·格拉塞斯费尔德这才理所当然地认为“真理”应该由“生存力”来替代，如果某种知识理论可以提供我们解决具体问题的方法，或者是能提供对经验世界的统一合理解释，那它就是拥有“生存力”的，就是可以适应的，而不必一定要去强求客体与经验的一致性。在为了适应经验的逐渐扩大，个体的图式也在随之进化，所有知识的建构完成就是在经验世界与个体的对话当中形成的，且必须要以个体的认知过程为基础。激进建构主义告诉我们，在教学中我们应该重视学生已有的经验，通过了解学生的情况随时调整我们的教学方法，完成教学过程，实现教学目标。激进建构主义在这些思想的基础上，对概念的形成、转变和组织进行了深入持久的探究，也是各派建构主义中比较创新独特的，由于激进建构主义主要侧重于个体本身与其物理环境的互相作用，而忽视了学习的社会性。

（二）社会建构主义思想

区别于激进建构主义，社会建构主义主要是以维果茨基的理论为基础，以鲍尔斯费尔德（H. Bauersfeld）和科布（P. Cobb）为代表。社会建构主义认为所有的认识都是有问题的，没有绝对优胜的观点，在某些程度上对知识的客观性和确定性也提出了怀疑，但是比激进建构主义更温和一些，它认为，世界不仅仅是客观存在的，而且对每个认识世界的个体来说是共通的。知识是在人类社会范围里被建构起来的，又在不断地被改造更新的，并且尽可能与世界的本来面目相一致，当然我们都知道尽管永远无法达到一致。此外，它也是被认为学习是个体建构自己的知识和理解的一个过程，但会更加关注在建构过程的社会属性的一面，认为知识是个体与物理环境互相作用的内化结果，且语言等符号在此过程中是极为重要的。学习者在平常的学习沟通交流、生活交际交往或娱乐游戏等活动中，产生了一些个体经验，被认定为是“自上而下的知识”，从知识的一般水平向高级水平的发展，走向以语言实现的概括，具有理解性和随意性，并在人类社会实践中形成了公共文化知识。在个体的学习中，知识的呈现是以语言符号的方式，由概括转向具体经验领域发展。儿童在跟成人的交往活动中（尤其是在教学管理活动中），在成人的指导下解决儿童自己所不能独立解决的问题，体会到那种“自上而下的知识”，是以本身所固有的知识为基础的，再获取相关的意义，把“最近发展区”发展成为现实，这是儿童获得知识经验发展的基本途径。例如：在教学中设置概念冲突以引起学生思考，引导他们反思已有知识并与新知识建立精致化的关联，强调人际合作和互动，让学生通过一些实践活动，运用语言符号，用概括的方式向具体经验领域发展，以语言实现具有理解性和随意性的概括，就完成了自上而下的知识学习。

（三）社会文化取向思想

社会文化取向跟社会建构主义在很大程度上是相同的，也深受维果茨基思想理论的影响，把学习的过程看成是建构的过程，注重学习的社会性。但是两者之间也有很大的区别，社会文化取向认为个体的心理活动是与相关的历史、文化以及风俗习惯背景紧密相关的，学习知识是存在于相关的社会文化背景之中的，知识大多都来源于不同的社会实践活动。因此，它更侧重于研究不同时代、不同文化和不同情境下个体的学习及解决问题等情况的不同之处。社会文化取向参考了一些文化人类学的研究方法，研究特定文化背景下的个体为了某种目的而开展的实际活动，而这些活动是以一定的社会规范、交流和文化产品为背景的。个体以已有的知识经验为基础，通过一些活动，解决面临的所有问题并最终顺利实现活动的目标。学习也一样，需要在为实现某个目标而开展的实际活动中解决面临的一些问题，从而获得其中的知识。通过思考，在为达到预定的某种目标而进行的实际活动中，完成任务，解决遇到的实际问题，从而学习某种有关的知识。让我们认识到学生在问题的提出及解决中都处于主动地位，并且可以得到一些帮助和支持，在课堂教学中鼓励学生与老师进行交流，与同学进行互动，提倡有针对性地使用师徒式教学，即工厂中师傅教徒弟那样去传授知识，特别是对一些有特殊情况的学生。

（四）信息加工建构主义思想

从严格意义上讲，信息加工理论不属于建构主义。它认为认知是一个积极的心理加工过程，学习包括信息的选择、加工和存储等复杂过程，而不是被动地形成 S–R 联结，所以信息加工理论比行为主义先进了很多。然而，信息加工理论假设，知识或信息是提前以某些方式存在的，个体需要先接受它们，认知加工才能开展，那些较为复杂的认知活动也才可以进行，即使它知道旧知识在获取新知识中所起的作用，也不会把它看成是新旧经验之间双向的、反复的相互作用的过程。它忽视了新经验对已有知识经验的作用，仅仅强调已有知识经验在新经验的编码表征中的影响。信息加工建构主义比信息加工理论先进一些，尽管它沿用信息加工的基本范式，但也完全认可“知识是由个体建构而成的”观点，强调已有知识与外部信息之间存在有反复的、双向的相互作用。新经验要在已有的知识经验基础上获取，从而超越所获取的信息，但在此过程中又会调整或改变已有的知识经验。对“知识仅是对经验世界的适应”的观点并不认可，因此信息加工建构主义也常被称为“温和建构主义”。像斯皮罗等人的认知灵活性理论就是此类的建构主义。

从客观的角度看，不同的建构主义有着不同的着重点，建构主义提供了一种与传统的客观主义不同的学习理论，它们在认识论、学生观、教学观等方面都有自己独到的见解，对我国全面实施素质教育具有明显的积极意义。建构主义者提出了许多富有创见的教学思想，强调学习过程中学习者的主动性、建构性，对于学习做了初级学习和高级学习的区分，批评传统教学中把初级学习的教学策略不合理地推及到高级学习中。他们提出了自上而下的教学设计及知识结构的网络概念的思想以及改变教学脱离实际情况的情境性教学等。这些主张对于进一步强化认知心理学在教育和教学领域中的领导地位，深化教学改革都有深远的意义。

三、建构主义学习理论的主要观点

建构主义学习理论的主要观点包括知识观、学生观、学习观、教学观、评价观，建构主义学习理论给高职教育的诸多方面都提供了启示，在这里，我作为一名高职教师主要研究建构主义学习理论对高职高等数学教学的一些启示。

（一）教学观

建构主义在设计教和学时，是要以“在解决问题中学习”为出发点，设计教和学的环节要着重围绕某种专业的职业工作或现实生活场景中的某些问题而模拟展开的，而不是围绕学科一味盲目进行教学。而高职教育的重要特征在于“职业性”，即学生毕业后就能够直接从事职业技术活动，所以现在高职教学中提倡的是高职学生所开设的课程必须是为今后的专业而服务，用建构主义为教学指导，就要求高职老师必须树立正确的教育教学观，运用灵活多变的教学方式和手段，在教学过程中，尽可能地以引导为主，同时结合专业给学生提供一些工作实训模拟情境，有意识有目的地尽可能将学生原有的知识经验与日新月异的现实生活有机地结合起来，激起他们的情绪体验和兴趣，引导其在相关专业职业工作的真实情境中，甚至尽可能在实际任务中（如实训、实习教学）获得经验、建构知识体系、增长专业技能，当前课堂教学中最常用的有“案例教学法”“问题解决式教学法”“任务驱动式教学法”“行为引导教学法”，以及高职学院人才培养模式的代表“产学结合模式”等正是这种教学观念的体现。例如：有同学提出高职高等数学与高中数学、高等数学的区别在哪里？高职高等数学是为你所学的专业服务的，也是为了你的专业发展服务的。当在教学中使用的某个教学案例是某个加工的零件的数据计算，你会怎么样认识这个问题呢？教师的教学任务：引导学生自己去找这个零件的特点，加以分析，计算出需要的数据。

（二）学生观

在以往的传统的教学中多是以“传授—强化—记忆”为主要教学过程的，过去的课堂成了克隆书本知识的最佳场所，而学生无可避免地成为了接受知识的容器。就是在这样的教育学习过程中学生的个性受到压抑，学习的主动性大打折扣，特别是数学这样的基础学科更是如此，建构主义的教育学习理论认为，课程学习是一种具有具体目标指向的有意义的活动，不同的个体本身以自己不同的经验为背景来进行建构，因此会有对于同一事物获得的意义也不相同的情况，学会尊重学生不同的个性差异是现代教师必须具备的意识，同时，尊重学生的个性差异，关心与爱护学生，从学生的角度出发考虑问题，在学习中注重以学生为中心，让学生把现有的知识经验拿出来与教师分享，教师通过提供帮助和支持，引导学生从原有的知识经验中“生长开发”出新的知识经验。

（三）教师观

高职教学目前所采用的一种主要教学模式是“讲解—接受”式的教学模式，通过系统的讲析，使学生掌握一定的基础知识和基本技能，建构主义则主要强调模拟情境在学习中的巨大作用，并且认为学生的多方面技能的学习是一个与实训情境联系紧密的、由他们自己进行的实践操作活动来完成的过程，所以知识也必须根据具体情境的不断变化而进行重新建构。科技在不断地进步，社会在日新月异中不断地快速发展，各国社会交往范围的开放扩大，让人们的工作、学习和生活方式正在改变并将继续改变，作为高职学院的教育工作者，怎么可能不受到影响，他们迫切地需要不断地完善更新自己，不断地学习和深造，来适应社会的发展进步，要终身学习，在终身动态的学习过程中不断地优化自己原有的知识结构。不仅要精通所教专业涉及的专业知识和操作技能，还需要更新学习教育类课程，如教育学、教育心理学等职业基础理论，更需要根据专业课程的调整和社会快速发展的需要，加快知识理论的更新速度，来适应高职高专职业的教育。只有这样，高职学院的教师才能在终身动态的学习过程中，学会将自己的生命体验融入创造性的高职教育教学之中，建构所教的本门学科认识世界的独特视角，展示出在未来的职业发展道路上知识发展的无限延伸性与无限生命力，使高职学院的教学课堂和学校的育人环境充满特殊性、创造性和发展性。

（四）课程观

课程如何组织和设计，在教育教学中具有非常重要的作用。建构主义学习理论认为，知识是学习者主动建构的，教学必须以学习者为中心，注重学生的个体差异，因此，它主张情境化教学并强调知识的表征与多样化的情境相联，以及根据不同情境来组织课程等，要求高职教育的课程在选择时注意立足于发展，注重实用性，强调针对性，合理建构。以建构主义为指导，高职教育的课程设计既要体现学生的学习特点，满足职业岗位（群）对学生的知识、能力需求，又要考虑学生可持续发展的需要，注重各学科之间的相互渗透，还要保证各学科知识的系统性，侧重于培养学生的各种技能和能力，注重专业知识和基础知识的分量，突出基础知识、基本技能，只有这样，高职教育才能满足学生的多种需要。

（五）评价观

建构主义教学评价的重点在于知识获得的过程，认为怎样建构知识的评价比对结果的评价更为重要。对于高职学生来说，学习效果的评价有自我评价、小组对个人的学习评价、教师对学生激励性的评价，以及是否完成对所学知识的意义整体评价。评价内容由重知识向重学习过程、动手能力、修正意识、创新意识、心理素质、学习态度等方面进行综合性的评价转化。评价标准向重视个体差异个性发展评价倾斜。评价方法转化为多元化评价，合理适当地使用传统笔试。评价主体由单一性评价向教师、学生、家长、社会共同参与的交互评价转化。评价重心放在形成性评价、促进性评价上面，逐渐建立起多元评价体系，通过评价结果，参照修正学生的学习过程。

四、建构主义教学思想特点

建构主义教学思想直接影响到我们每一位老师，学习运用建构主义教学思想是我们提高高职高等数学教学质量的途径。归纳总结如下几个特点。

（一）注重情境设计

学生是信息加工的主体，学生将其所获得的新知识与已有知识经验建立实质性联系，是意义建构的关键。怎样引导学生主动学习，进行意义建构，是教师要思考的问题。在建构主义教学思想中，注重情境设计，通过考虑学生的需要和特点设计教学,从学习与现实关系上考虑课堂教学内容与现实生活的联系，结合生活实际讲解，引导学生用所学知识解决现实问题。在教学上，侧重来自现实的或真实的世界的知识来完成学习,学习任务或要解决的问题不是孤立的，而是更大的背景的一部分，让学生认识到学习总是发生在真实的背景中的，应该维持环境的复杂性，帮助学生理解嵌套在复杂环境中的概念，强调数学是人们生活、劳动和学习的工具，数学学习内容应当是现实的、有意义的富有挑战性的。在情境教学中，学生的学习兴趣和热情、探索精神都得到充分发挥，最后的教学效果将得到提高。

（二）重视学生体验

每位学生都是一个个体，在进行文本阅读、交流讨论时，都有着自己不同的感悟和体验，这和他本身的生活环境、学习环境、知识储备甚至性格特点等都有着一系列的联系。数学教学除了重视工具性，我觉得还应该重视学生的个人丰富的体验和感受。有了自己的独特的感受、见解，才会真正领悟到学习数学的乐趣。但作为学生，他的感受可能只停留在感性的认识上，而没有深入到文本或者一时无法体会。我们不要求每节课都使学生的感悟达到一定的高度，或一定的深度，作为教师，在课堂教学中能主动地做一些有针对性的恰当的点拨，努力让不同的学生用不同的方法去体会世界的真善美，能让学生用自己的心去了解和感受这个世界的存在价值，才是一名合格的教师，才能说教师是学生独特感受的引领者和分享者。注重学生差异，关注学生学习时的个性体验，让学生在课堂学习后，有了一点想法、一点感受，这也是数学教学的必由之路。

（三）强调建构

建构主义教学思想强调建构，引导个体的主观知识用于解决问题，对知识加以应用或实践，应用是为了解决实际问题，也是为了在用的过程中建构新的知识，即在做的过程中学习，在实践中学习，将知识通过内化—外化—实践化—应用化以完成知识的建构。

数学教学应当结合现实生活、生产中的具体情境，使学生形成背景性经验。对于不同专业的学生，要结合学生的生活、生产经验和已有知识设计富有情趣、有特色的活动，让学生在活动中学习数学，使他们可以通过数学的一些具有专业特色的问题、案例、例题，有更多的机会从周围的事物中学习数学、理解数学，使他们体会到数学就在身边，感受到数学的特点和作用，对数学知识产生迫切的需要。要想完成这些，首先我们要学会分析现有的高职高等数学教学存在的问题。

第二节 高职高等数学教学存在的问题

高职高等数学教育有两大功能：一是作为高等教育，要培养学生的“数学素养”，为学生的专业学习服务；二是作为职业教育，必须为学生今后的社会实践提供实用的理论工具。而现有的高职高等数学教师多是本科院校或硕士毕业的人员，他们身上的传统数学教学思想，对高职高等数学教学造成了很大冲击，并产生了一系列的问题。

一、传统教学不重视教学环境建设

教学环境是学生学习活动赖以进行的主要环境，它由学校内部有形的物质环境和无形的心理环境两部分构成，前者如校园校舍、教学设施、教学场所以及教室的色彩、光线、温度、空气、声音和气味，后者如学校中的人际关系、校风班风、群体规范、社会信息、教师期望、课堂教学气氛、课堂座位编排方式和班级规模等。也许从表面上来看，教学环境只处于学习活动的周边，是不变的,但实质上它却以环境自身特有的影响力潜在地干预学生学习活动的过程，系统地影响着学习活动的效果。一个良好的教学环境对师生精神面貌，教学情绪和教学质量，影响作用是很大的。

（一）传统教学以教师为中心

传统的以教师为中心的讲授式教学思想根深蒂固，以教师为中心，由教师主宰整个教学活动进程而把学生置于被动地位的传统课堂教学，教师的主导作用被夸大并绝对化。只强调教师的“教”而忽视学生的“学”，全部的教学设计理论都是围绕如何“教”而展开，很少涉及学生如何“学”的问题，按这样的理论设计的课堂教学，学生参与教学活动的机会少，大部分时间处于被动接受状态，不利于发挥学生学习的主动性、积极性，不利于培养学生的创新精神与合作精神，教师围绕此目的来开展教学，结果是课堂教学满堂灌，学生死记硬背，学习成了复制知识的过程。教师则化身成真理的发言人，知识权威的代表者。让自己忘记教学的目的是“教会学生”，让学生对进取与创造失去了兴趣。以教师为中心的特点是教师组织、监控整个教学活动进程，课堂完全由教师主宰，忽视学生的认知主体作用，阻碍了学生创新思维的形成和创新能力的成长。

（二）课堂教学气氛与课堂教学质量的关系

如果一堂课始终都是气氛紧张，老师讲学生听，老师问学生答，一切都在老师的掌握之中，但实质上却是另一种没有积极向上的学习与环境，更不要说什么学习气氛了，长期在这样的高压学习环境下学习，不用多久，学生会神疲力倦，不愿听课，使数学教学内容的连贯性受到影响，更不要谈跟上教学进程，也不会有什么教学效果产生。不良的课堂学习环境会直接影响课堂教学质量，必须认识到课堂气氛对教学质量的重要性。在积极向上的课堂教学气氛中学习，可以让学生感受到学习的乐趣，吸引着学生透过学习去寻求精神上的支柱，由内而外的感受激发了求知的欲望，同时促进了学生思维的发展，提高了课堂教学质量。因此，在教学中必须重视课堂气氛的渲染、烘托和尺度的控制，才能提高课堂教学质量。课堂气氛更是师生在课堂教学过程情感的一种交流，它直接影响到师生的关系，进一步影响到学生的学习效果。教育心理学认为，在愉快的课堂气氛下进行学习的师生大脑皮层处于兴奋状态，促使教师思路开阔，思维敏捷，授课潜能将发挥到最大程度，美国心理学家罗杰斯认为：“成功的教学依赖于一种真诚的理解和信任的师生关系，依赖于一种和谐安全的课堂气氛”。也就证明，和谐的课堂气氛让学生的脑细胞变得更活跃，提高了他们的学习兴趣，开发了他们的思维潜能，更好地促进了他们对新知识的接受。

二、传统教学不重视合作

传统高职高等数学课堂教学是教师垄断课堂话语，数学教学是一种“授予—吸收”的过程，学生机械地、被动地接受书本知识，师生之间很少有交流和沟通，学生的学习目的似乎就是记住书本上的各种概念、原理、定义，而缺乏对问题的分析，缺乏自己的见解。

（一）传统教学不重视教师与学生合作

传统高职高等数学教学将其目标主要定位于单一的学术性目标的达成，即知识技能的掌握或应试能力的培养。在教学中，教师关注的是学生是否掌握了知识技能或考试是否能取得高分，没有充分重视学生之间相互交流、相互学习的交往技能的培养和学生情感上的需求。师生之间经常处于一种不交流甚至对立的状态，有的交流也只是为了应付老师的提问，学生的学习始终处于被动应付状态。就算教师热爱学生，无微不至地关心学生，但不理解学生，不把学生当成一个具有独立人格、平等自由的人，就不可能实现真正的师生平等。

（二）传统教学不重视学生与学生之间的合作

传统高职高等数学教学忽略学生同伴之间的作用，当教师提出问题，学生相互讨论时，有的老师把这种情况看作是不尊重老师，甚至把私自讨论这种行为视为扰乱课堂，因此，学生的学习更多地体现为集体环境的单独学习。因此，在教学实践中它的缺点也暴露出来：一方面，时间、进度、学习材料整齐划一，不能针对学生的具体情况，学生的个性得不到充分的发展；另一方面，传统教学不重视学生之间的互动因素，没有充分重视学生之间的互相影响和教育的作用。传统教学的评价强调的是常模参照评价，只关注个体的分数，用分数将学生分为几个等级。在这种情况下，第一名成了成功的代言人，成了学生的强心针。多数学生因为这种评价机制，丧失学习信心，成为失败者，从而加剧学生个体目标与同伴目标的相互排斥、互不相容的紧张程度。

三、传统数学教学过于重视抽象思维的训练

数学是从事客观世界量性规律研究的学科，它的直接对象是抽象思维的产物，即通过数学抽象从具体事物中抽取出量的方面的属性或关系，也即一定的量化关系。广义的抽象思维，泛指逻辑思维，尤其是形式逻辑思维。这里包括对思维形式（概念、判断、推理），思维基本规律（同一律、矛盾律、排中律

和充足理由律）和思维方法（分析、综合、抽象、概括、比较、分类、归纳、演绎等）的研究。狭义的抽象思维，则是指从复杂事物中，抽取本质属性，舍弃其他非本质属性的思维过程。这是数学中常用的、必不可少的思维方法，并且与概括相互联系、密不可分。数学概念并不是凭空想象产生的，而是从大量实验数据，实践问题中自然引出，然后经过抽象化的逻辑推理得到的。在教学实践中，应通过形成数学概念的思维过程，使学生能生动而又准确地掌握数学概念的内涵及其外延，防止把数学概念的教学简单为阐述定义，使学生逐步通过观察、分析、归纳、抽象、概括，把数学知识与实际问题联系起来。在教学中有很多数量关系都是从具体生活中表现出来的，因此，在教学中要充分利用学生的生活实际，运用恰当的方式进行具体与抽象的连贯。把抽象的内容转变成具体的生活知识，在学生思维过程中强化抽象概念。

（一）过于重视数学抽象能力

以数字代表具体事物，以字母代表数字，分别是对人们施加于具体事物和施加于数字之上活动的抽象。比如，对于数字运算活动，我们可抽象出一些规律，像交换率、结合率等。由于它不断地从较低活动水平转移到较高活动水平，因此运算终将内化为抽象的概念运算，又因为充分使用符号，数学体系就几乎完全是由数字、符号、概念和命题组成。它们最早与一定的具体事物相联系，多次提炼转变后，为了推广应用所表示的只是抽象的一般，几乎与具体事物完全分离，只需服从运算的逻辑法则就可以独立存在。科学的抽象是在概念中反映自然界或社会物质过程的内在本质的思想，它是在对事物进行分析、综合，抽取出事物的本质属性，使认识从感性的具体进入抽象的规定，形成概念。空洞的、无法捉摸的抽象是不科学的抽象。合乎逻辑的、科学的抽象思维是在社会实践的基础上形成的。

（二）过于注重抽象思维的训练

数学的抽象决定了数学可以培养学习者的抽象能力，也决定了学习者必须具有一定的抽象能力。过于强化的思维训练，启发学生按照逻辑顺序去思考问题，有助于迅速提高抽象思维能力。但培养学生抽象思维能力的同时要尊重各个学生的差异，追求人人发展。培养学生初步逻辑思维能力要注重规律，过于拔高要求，会加重学生负担。从一道道具体的应用题到常见的数量关系，从一道道具体的计算题到计算法则，从具体的数到一个个字母等无一不是抽象的过程。大量地进行读、写、算，只会让学生认为数学是毫无意义的符号游戏。

四、传统高职高等数学教学不注重与专业课程的有机结合

传统高职高等数学教学多是从大专院校的高等数学降低难度演变而来，没有什么专业特点可言，多是纯理论性的数学，更谈不上什么专业。

（一）传统高职高等数学教学内容体系一成不变

传统高职高等数学教学内容体系上要求面面俱到，理论教学上追求严谨，这就要求有足够的课时才能完成计划内容的教学，对于专业和各种情况不能适应。随着我国高职教育改革的推进，人才培养计划中专业课程开设和教学内容做出了调整，在提高了对高职高等数学的要求的同时减去了近半的数学教学课时，使传统教学中内容多、课时少的矛盾更为突出，致使教师为了按计划完成教学任务而乱删教学内容，对一些重点和难点内容在教学过程中也只是蜻蜓点水。而理论上严密、逻辑上严谨的要求更是束缚了教师的手脚，增加了学生学习的难度，从而不可避免地使一部分学生对数学课产生了畏难情绪，影响了学生的学习热情和兴趣。

（二）不注重与专业课程的有机结合

由于高职办学时间不长，高职高等数学教学中的专业案例有限，成了高职高等数学教师教学的难点，长期以来，高数教师教学从数学自身理论体系出发，讲授数学概念、定理、方法和应用，不注重与专业课程的有机结合，造成数学课程与专业知识之间的脱节。高职院校培养的人才是应用型、操作型、技能型人才，是高级蓝领。学生毕业后直接面向生产第一线，从事规划设计、施工建设、加工制造、服务管理等工作，要求学生必须具有扎实的专业知识和职业能力。而高等数学作为各专业必修的一门公共基础课程，必须为专业基础课和专业课服务，专业课需要什么实用性的数学知识，数学课就要提供这些知识。为

此，数学课教学内容的进一步改革，必须坚持“数学与专业结合”“掌握概念，强化应用，培养技能”的原则，体现“注重应用，提高素质”的高职特色。

高职高等数学必须根据专业发展的需求来确定教学内容，只有体现数学的价值所在，满足学生后期发展的要求，才能提高高职高等数学在专业课程设置及改革中的重要地位。高职高等数学走进专业，可以让数学教师透过专业应用真正了解自己课堂教学的不足，及时修正课堂教学的漏洞，使教学内容更具有针对性，真正地为专业服务；高职高等数学走进专业，可以调动学生学习数学的自觉性，培养学生“学以致用”的良好习惯，为学生今后的专业发展打下基础；高职高等数学走进专业，可以更好地适应以“必需、够用”为度的高职院校教学要求，体现高等职业教育的特点；高职高等数学走进专业，可以促进数学教师与专业教师的交流与协作，教学相长，相得益彰，形成有高职特色的数学。下面我将教学中怎样运用建构主义教学思想的情况进行陈述。

第三节 建构主义教学思想在高职高等数学教学中的应用

现在的高职高等数学教学根据学生实际情况进行了调整，不再过多强调数学逻辑的严密性、思维的严谨性，以“必需、够用”为原则，加强实践环节，为了改变简单传授、被动接受的教学模式，改传统的“提出概念—解释概念—举例说明”的教学过程为“发现问题—解决问题—归纳提高”的新的教学过程，从而使学生真正掌握提出问题、分析问题、解决问题的方式和培养其终身学习的能力。真正发挥学生在学习活动中的主动性，是当前高职教育改革中都要面临的一个共同问题，而建构主义者提出的一系列关于教与学的新设想受到高职教育界的关注并已经将建构主义教学思想引入课堂教学，重视教学情境的设想、生活体验、对话、学生主体性的发挥、小组合作等，把培养学生自主学习的新观点运用到教学实践中去，将逐渐形成具有一定特色的高职高等数学教学论。在这里我们以教学案例的形式从情境设计、小组合作、生活体验、自主建构、行为引导这几个步骤来讲述高职高等数学教学中应用建构主义教学思想的情况。

一、情境设计

情境设计是指为了提高教学效果，在关键的时候或地点，教师有目的、有意识地引入或创设一些与生产生活相关，能用声音描述、生动形象的具体场景，并通过运用现代多媒体技术（PPT、视频）使场景变得更生动形象，通过学生的亲身体验，加入个人的经验，从而扩宽了学生的思维，也提高了学生的认知效果，帮助学生进一步实现知识的应用打下基础，完成相关知识的学习，并使学生的认知能力得到提高的教学方法。情境设计的目的是激发学生的情感，引导学生主动学习。高职高等数学教学案例：

（一）高职高等数学教学情境设计

新学期全年学习内容介绍（新阶段学习导入语）的情境设计：介绍高阶段学习数学的必要性，数学的学习内容、学习方法、学习特点等。

1. 学习——旅程

学习是一段旅程，对知识的探求永无止境，而且这段旅程可以从任何时候开始！未来的成功之路正在脚下！

2. 老师——导游

陪伴大家一起开始这一段新的旅程，一起分享学习中的快乐，再一次体会成长与进步的滋味。

3. 目的——运用

我们应当能够理解数学，而且通过运用数学进行沟通和推理，在现实生活中应用数学来解决问题，养成一种数学上的自信心理。请不要害怕学数学，每个人都可以根据自己的能力和实际需要学好自己的数学。

4. 准备——必需品

轻松愉快的心情、热情饱满的精神、全力以赴的态度、踏实努力的行动、科学认真的方法、及时真诚的交流。

回答问题：为什么教？教什么？怎么教？

（二）教学内容的情境设计：导数的应用

1. 设计情境

通过多媒体播放中央电视台《蜀道难》，当播放至提问废弃栈道边石壁上方形大洞下方一圆形小孔有什么用途时停止播放，让学生自由讨论，积极发言。继续播放视频，让电视台告诉学生正确的答案。接着拿出事先准备的圆柱与圆台让学生观察，确定本次课的内容。用PPT展示生产、生活中与导数有关的图片。讲述相关专业导数的广泛应用，讲一些学生能够理解的专业知识。

2. 设计意图

通过视频中的音乐与场景吸引学生的注意力，提高兴趣，提出问题，尝试解决问题。通过问题引发学生思维，通过答案进入学习内容，让学生关注今天学习的重点，为建构专业知识设置情境。重视导数的应用。

目的：创设情境导入教学内容，通过一段生活中与导数有关的故事来告诉学生，今天要学怎样运用导数解决圆台的问题，再用实物让学生产生真实的感觉，归纳知识，发现问题，存疑。让学生对自我归纳的知识点进行问题式分析，使其深入到导数的应用的教学内容中去，相互分析、讨论，使学生真正领会所学内容的知识点，能够自己归类，从而培养其自学能力。最后利用几分钟时间，对学生讨论的问题进行归纳，给出合理化的课业讲授，使学生比较自己与教师在归纳知识点、提出问题方面有何区别，对本次知识的认识怎样才更合理、更清楚，从而避免了"填鸭式"的书本知识讲授方法，发挥了学生学习的主动性。手段：多媒体视频、PPT 展示图片。

通过一些情境导入教学内容，让学生关注学习，是应用情境设计教学的目的，特别是现代信息技术的发展，让情境设计变得更贴近生活，变得更真实、更实际。主要内容通过学生自己归纳，教师的归类整理，学生已基本掌握，然后再把所学知识加以引导，运用到例题的解析上，则学生掌握得更好。可再根据学生的实际接受能力，引申生活中与之相关的实际案例、典型例题，并引导其参阅课外阅读资料，使学生的知识面拓宽到书本知识之外，丰富其学习的知识内容，完成其对所学知识的社会性建构。把时间让给学生，把空间还给学生，把机会留给学生，把权力交给学生，把学生视为学习中真正的主人，把学生在认知过程中的认知活动视为教学活动的主体，让学生充分发挥自己的智慧，主动地获取知识，挖掘他们的潜能。学生通过自我学习后，再经过教师的系统引导、重点精讲和课堂讨论等，真正成为了课堂舞台的主角。

二、小组合作

小组合作学习，是一种富有创意和实效的受到世界各国教育界普遍重视的一种教学理论与策略体系，它将社会心理学的合作原理运用到教学中，认识到人际交往对于认知发展的促进功能。运用小组合作学习，作为老师更多的是希望通过小组合作学习了解我们的学生是什么样的性格，有什么优点与缺点，同时通过小组合作学习的过程让学生体验学习，从而改变以往单一的、被动的接受式的学习，使学生能更加主动地学习，通过不同学生的相互学习能更好地修正自己的学习方法，达到提高教学效果的目的。

（一）不要让小组合作学习被形式化

不要认为按小组学习就是合作学习，有些教师在课堂上只是简单地让同桌或前后桌的同学组成一组，开始讲课，然后提问时让这些小组轮流回答问题，既不指导小组长如何进行组织，也不管小组内部成员之间是否交流，以及交流的实际情况，更不要说监控学生的活动完成过程。结果，学生在小组内要么各做各的，要么埋头干别的，根本谈不上学习效率，让小组合作学习流于形式。小组合作从分组时间、分组、选组内负责人员、小组学习任务的设计、小组合作学习的过程考勤都有要求，分组时相互了解是关键，对学生的性格、特长要做到心中有数，依据学生学业水平、能力倾向、个性特征、性别等方面的差异，使组与组之间实力相当，为小组间公平竞赛创造条件，而且组内成员性格优缺点不同，为小组成员内部相互帮助提供了可能。教师要有意识地在平时的教学中培养学生有效地合作、有序地表达、听取他人意见、相互鼓励、轮流发言意识，要通过一些真实的友谊来证实合作的重要性，如不打不相识，不同的意见怎样选择，选择后会有什么结果，分配任务时如何合作，担任小组长的条件，小组长最不可缺的几个条件等,作为小组成员都必须知道怎样去完成这些工作。

（二）不要让小组合作学习成为表面的学习

由几个成绩优秀又性格活泼的学生长期独霸讲坛，教师也没有认为这有什么不好，慢慢地其他学生在小组活动中无所事事，养成不关心小组活动的习惯，或是借机逃避学习。把小组合作的初衷“教师讲，学生听”，偷换成了“好学生讲，差学生听”。表面上计划完成了，学习任务也完成得很好，可实际上呢?只是少数几个学生参与了学习。这种合作是偷梁换柱，本质并没有改变，甚至浪费了更多的时间来做假，至于效果更谈不上了，我认为是负面的效果。这也就要求我们在进行分组时要分析清楚学生的个体特性，再根据任务来合理分配角色，同时用合适的方法让学生知道自己的优缺点，注意这时要尊重学生，引导学生主动认识自己的优缺点在以后的学习中会带来什么影响，并根据各自的特点引导学生发挥其在小组合作中的作用。同时教师一定要重视评价在教学中的作用，要有效地应用评价来推进教学，结合个人评价和小组评价，用合作代替竞争。教给学生一些合作的策略，教会学生积极倾听他人的意见，学会用语言来表达自己的想法，在合作学习中与同伴进行交流、分享成功的喜悦、相互协助共同进退等，培养学生的竞争合作共赢精神。培养学生展示自我、帮助他人的意识，多为不同特性的学生提供一些不同展示自我的机会，让学生“在学习中合作，在合作中学习”，最终乐于合作、乐于学习。

看看小组学习给我们的课堂带来了什么：

小组学习时，对于角色的分配，如激励者、检查者、记录者、报告者、操作者等，小组成员会主动讨论角色互相轮换，认识到体验各种角色能有不同的收获，相互讨论的过程中增进了学生与学生之间的感情，学会了互相尊重，让同学相互了解各自的优缺点。

学生懂得“分工不分家”，成员之间要互相帮助、互相理解、互相宽容、共同提高，使学生意识到每个小组都是一个家，荣辱与共，友好相处是共同生存的准则，让学生在组内竞争上升到组与组之间的竞争，有一种团队的意识，勇于去争取想要的荣誉，不断提高合作共赢的认识，增强了学生竞争的意识。

教师不能“袖手旁观”，更不能做下一环的准备工作，而应当从讲台走到学生中间去，去感受学生的思想，去与学生讨论各种行为的对与错，在组间巡视，对各个小组合作进行观察并直接参与到活动中去，感受学生真实的一面，多与学生交谈，能揣摩学生难于领会的问题，抓住关键之处，要言不烦，相应诱导，真正地了解学生最想要的，对各个小组的合作情况做到心中有数，也利用机会培养学生的创造思维能力。

教师要培养与训练学生学会“说”“论”，使学生“能听”“会说”“善辩”，在别人发言时，希望其他同学边听边思考，当别人提出与自己不同意见时，要细心体会，虚心接受，敢于提出自己的想法，边听边讨论边修正自己的观点。通过与教师交流，通过自己思考来选择，做到认真听取他人的意见，学会区分，做到有选择地接受。这样，学生承担后果的意识得到了增强。

通过小组合作学习让我们感受到每个学生、每个教师不同的个体有不同的想法，在教学过程中尊重个体的差异，注重个体差异来完成学习是每个教师必须具备的意识。只有认识个体差异并合理调整教学进程，教师才能更好地完成教学。要求教师要自觉做到 5 个改变，即变“注入式”为“启发式”，变“主宰”“主讲”“主问”为“主导”“引导”“诱导”，变“重知识的简单结论”为“重知识的发生过程”，变“教师是演员，学生是观众”为“教师是导演、是导游，学生是主演、是游客”，变“教师讲，学生听”为“师生互动，共同讨论”。

三、生活体验

生活体验是强调通过解决生活中的实际问题，把问题背后隐含的科学知识引申开来，通过学习慢慢形成解决问题的技能，再应用于生活，以提高自主学习的能力，完成知识的建构。在应用中最大的问题就是大多数学生没有对生活情境的初步认识，大多数学生还没有思考完全，答案就被某些实践经验多的同学回答出来了。在高职高等数学教学中，生活体验通常是应用专业生产中的一些问题，这些问题基本来自生产、生活中的实例，这有利于启发学生，进而让学生对认识高职高等数学活动本身所具有的社会价值，起到一定的促进作用。衡量学习数学的程度也主要通过解决数学问题时的表现来进行评价。

下面以“为什么井盖的形状是圆形？”的知识为例来说明“问题式”教学在高职高等数学课程中的应用。

（一）提出问题

为什么井盖的形状是圆形？（就生活中的常识提出问题，很容易引发学生的思维活动，促使他们联系自己已有经验，寻找有关的阐述，引发动脑，学习一些专业知识，实现知识、情感、技能的均衡发展）

（二）引发动脑

①学生行为（动脑回答）。

路上看见的井盖都是圆的。维修的时候容易搬动。用铁铸造出来的，还有用水泥做的。圆形在生活中用的地方多了。

②教师行为（问题的提升）。

细心观察过井盖吗？井盖的作用？还有什么好处吗？看过铸造井盖吗？为什么用水泥做？为什么到处都喜欢用圆形的物体呢？

（三）提升的空间

①井盖比较重，圆的容易搬动。

②圆的只要放上去就不会存在盖错的情况，不必考虑对齐。

③圆的物体受力均匀。

④下水道出入孔只足够一个人通过，而一个顺着梯子爬下去的人的横截面基本是圆的。

⑤不管怎么旋转都不会掉下去。

⑥从做模具的角度看，圆的做起来比较容易。

⑦工具在圆形的井下可以自由转动，其他形状的就不行了。

⑧因为洞口是圆的。

⑨当人们都习惯于圆形的井盖，要改变起来很难。

⑩我没有钱，如果我有足够的钱就会开家工厂生产圆的井盖，然后宣传圆的优势，相信很快能把方井盖市场挤掉。

⑪ 事实上是有很多方井盖的，因为人们平时不注意观察，都误以为井盖全是圆的了。

⑫ 在周长相等的几何图形中，圆的面积最大。设计成圆的，有利于通过更多水。

通过这样一些生活与专业相联系的知识点来引导学生进行学习，打开了学生的思路，进入多元化的学习，甚至可以扩展到数学文化。

关于井盖是圆的这个问题，要追溯到13世纪的法国。法国当年在建巴黎时，选用圆形的铁饼做下水道的井盖。后来罗马帝国把法国的下水道技术用于建设罗马城，再后来世界各地的主要城市陆续采用了罗马的下水道技术，结果圆的井盖似乎成了约定俗成的事情。

通过提出问题、讨论问题、解决问题来开拓学生的思维，同时联系生产，联系生活，就像“为什么井盖的形状是圆形？”用数学问题引发学习兴趣，应用了数学，提些开放性的问题，因为问题的结论不是唯一的，所以培养了学生探究性、拓展性的思维，有利于学生的整体发展，引导学生学习专业知识，更增添了数学文化的知识，达到了多元化教学的目的。这个问题并没有标准答案，只要言之有理就行。引导学生通过“问题解决”，历经知识形成的过程，体验了生活，改造自己的经验，建构自己的认识，发展自己的知识。建构主义学习理论允许学生有不同的见解；允许学生自由思考；允许学生自由发问；允许学生提出异议和争论，从而使课堂气氛活跃而热烈，使教师真正成为主导，学生真正成为主体，让学习真正成为学生自己的事情。

四、自主建构

自主建构强调以学生为中心，认为学生是认知的主体，是知识意义的主动建构者；教师只对学生的意义建构起帮助和促进作用，并不要求教师直接向学生灌输知识。教师在这个过程中只是学习情境的创设者、学习任务的设计者、学习活动的组织者和学习方法的指导者。整个学习过程包括课前预习、查阅有关资料、课堂上阅读分析课本和学习材料、分析研究解决问题、完成任务等都需要学生学会独立思考、主动学习。在教学时，教师把所要讲授的内容设计成一个或几个具体任务，让学生通过完成这些任务来提高学生的选择能力，对行动的决策能力，对任务的实施能力，完成任务的归纳总结能力。

五、行为引导

在高职高等数学教学改革中，试图建立一种更有利于学生独立学习的教学模式。为此，我们注重行为引导教学过程，通常是围绕某一课题、问题或项目来实现，以学习任务为载体，引导学生独立思考，自主学习和探索的过程。这种数学模式在培养人的综合能力方面有着十分重要的作用，被职业培训广泛采用。行为导向一般具有以下的特征。

（一）实施的必要性

高职高等数学的重要性已经被人们再次提到，虽然高职对某些方面要求偏低一些，但学习数学是人类发展过程中必不可少的。高职高等数学教学改革是高职培养目标所要求的，培养学生的实践能力和创新精神也是高职高等数学教学的核心，其目的是为社会培养生产、建设、管理、服务的一线人才，因此，人才培养的目标要注重实用型，必须将内容的应用性、思维的开放性和解决问题的自觉性作为高职高等数学教学重点，而强调以职业活动为导向，引导学生学习是一个好的方法。

（二）需认识的问题

行为导向对实施教师提出了更高的要求。教师是“双师型”教师，主导者也是教学活动的引导者或主持人，还可能是生产的主要实施者。在教学过程中，教师是学生的朋友、学生的伙伴等，教学由注重教法，转变为注重学法，为了更好地完成教学任务，教师必须花费更多的心血，在实施行为引导时，有必要几位教师以团队的方式完成教学，以保证达到预期的目标。

（三）效果评价

通过对行为导向的教学实践与研究，我们发现该教学方法具有明显的优势。行为导向鼓励学生之间的团结协作、交流与讨论，在团结协作、交流、讨论展示中，通过实施行为导向教学法，调动了学生的积极性和主动性，提高了问题的分析能力、归纳总结能力、独立获取信息能力，获得了自我学习的能力。

第四节 建构主义教学思想运用的效果审视

在教学改革不断深化的过程中，作为高职教师的我们不缺责任心，不缺做事认真的态度，缺少的只是一种理念，当我们找到了合适的理论作为教学支撑时，我们会不断调整自己，结合高职特色形成具有现代教育理念的高职高等数学教育理念，形成以学生为主体的教学观，给学生充分的空间，让学生感到他们是学习的主人，强调实际应用能力的培养，逐渐形成相应的技术知识和有关的数学知识，把所学的知识用于生活中的实际问题，为生活服务，从而来增加学生的数学意识，使学生在学校教育中真正学到有益的东西。在实际教学上，要使学生接触实际，了解生活，明白生活中充满了数学，数学就在身边。编写新的高职高等数学教材（加入了大量的实际案例），增添数学实训内容，强调情境教学、案例教学，制作了大量的 PPT，录制了许多微课，运用新的数学工具，利用现代多媒体技术化抽象为直观等，这些都是近几年来高职高等数学改革的成果。这里将分别从效果和为了保证效果应注意的问题两方面来总结一下建构主义教学思想在高职高等数学教学应用后的情况。

一、建构主义教学思想在高职高等数学教学应用后的效果

在高职院校应用建构主义教学思想是教师教学的革命，也是学生学习的革命，对教师教育、学生成长及学院发展的影响都将是极其深远的。

（一）对调动学生学习的积极性有较好的成效

学生的学习积极性高涨，精神振奋。在学习的过程中，大量的竞争活动，单个的有趣的任务的完成，学生与学生的相互沟通，学生与教师间思想与精神

的碰撞，大量有趣的数学游戏，打牌比赛（斗牛就是其中一项游戏），同时数学文化带来的风暴，如明朝才子伦文叙为苏东坡《百鸟归巢图》题了一首数学诗：天生一只又一只，三四五六七八只，凤凰何少鸟何多，啄尽人间千石谷。$1+1=2$，$3\times4=12$，$5\times6=30$，$7\times8=56$，这四组数字之和正好是100只。这些给学生带来更多的震撼，是人类生存中的数学素质。透过生活学会在自己的生活中有意地去观察数学事实，购物中的数学，游戏中的数学，加工中的数学，让学生观察身边无处不在的数学事实与数学文化，从不同的感觉中学生自主探索及应用自己的数学知识去研究数学。学生自己也意识到了通过数学得到些什么，学生的学习变得积极了。

（二）对提高学生的数学运用能力有一定的成效

通过小组合作、结合专业、行为引导教学给学生创设了一个自主学习运用数学的平台，在这个平台上，学生能够根据确定的任务主动进行信息的收集、整理、加工、分析、归纳、概括，懂得通过问题怎样有效地获取所需的信息，解决问题，从中提取经验，大部分学生有了自己学习数学的方式，在生活中开始学着运用数学，能在学习中分析自己，努力地寻找自己的优点，想方设法展示自己的才华。学生的观察能力、思维能力、分析能力提高了，学生运用数学自主探究，个性得到了充分的张扬，开始运用数学了，会运用网络学习高数教程和学习技巧，开始有意识地进行数学素质的建构，体会运用数学的乐趣，借助微平台交流，连通到网络，运用网络做数学难题，合理使用网络资源来提高自己的学习，学习一些在课堂内无法得到的知识，知道遇到不会做的，找网络，没听懂的，网上有，没学过的，网上找，从井底跳到了井口，看到了一种新的学习模式，是一种收获，一种提高。通过这一切，学生运用数学的能力提高了，对学生的后续学习起到了一定的促进作用。

（三）对促进学生的团队合作意识有较好的成效

在大量的小组竞争、个人竞争合作中，学习小组为能较快地完成任务，会互相促进、互相交流甚至相互要求，以达到尽快完成任务的目的。每个学生的完成情况直接决定了小组完成的速度，让学生意识到自己的重要性，在相互交流的过程中，通过不断地尝试成功与失败，反思总结个人的得失，让学生意识到自己在团队中的价值，自己的参与获得了什么，不参与又失去了什么。学生意识到通过一个成功的合作自己收获的是感情、是精神，甚至是自信，让学生意识到在团队合作中什么是影响成功的关键因素，通过竞争让学生深刻体会到在科技高速发展的时代，要想获得成功，必须要学会合作，通过生活中、学习上的合作会让人获得更多的成功，学生也因此建构起一种新的认识，从而促进了学生的团队意识。

（四）对改善师生的关系有一定的成效

一系列活动的展开，使教师与学生的关系更像朋友，学生在完成任务的过程中，教师多是从旁引导学生进行各项工作。理解学生是教师引导的准则，从学生的角度考虑问题是完成引导工作的核心。引导学生完成任务的过程中，学生的笑容更是完成引导工作的奖励。从第一天的相互介绍、认识，到每天课堂中的交流，记忆中学生的微笑，校园中大声叫出学生的昵称，再到一起讨论人生的目标，一起考虑用什么方法学习会更好、更有效。比如教师偶尔会给学生设计些小陷阱（请某位同学不带书做书上的例 3，黑板上写的题目却是例 4，学生跌进去），再进行讨论为什么会出现这种现象。教师主动承认自己的错误，说明这是有意设计的，并解释设计陷阱的目的，多数情况下会得到学生的认同，通过这种互动，师生感情更深了。

（五）对提高教师教学的艺术性有一定的成效

教师分析生活、生产中的数学现象，组织管理学生进行大量的活动，采用合适的手段，引导学生进行生活与学习，将学生任务与效果更好地展示在学生的面前，要很好地完成这些，更好地将建构主义学习理论运用到教学当中去，对教师的教学艺术性要求更高了。在教学过程中，教师要能精细到每一个行为上引导学生思考，在学习过程中，教师要从每一个想法上来设计任务、分析任务，每一次修正，对每一个概念的学习方式的确定都是成果的展示，再通过反思总结，将自己经验重组，要做好这一系列工作，教师的教学变得更有艺术性了。积极地思考，巧妙地运用生活、生产中的案例，设计有挑战性的任务，通过不断地探索，教师的教学艺术得到了提高。努力提高课堂教学的效果，通过专业素材，有效地运用小组合作、行为引导型教学法，注重相关学科之间的联系，教师变得多才多艺，教学充分体现出高职高等数学课程特色。按设计完成教学，构建独特的教学方式，突出专业特色与教师特色，对教师来说不仅是一种学习思想，更是一种挑战，教师在整个教学过程中要充当学习伙伴、咨询员、朋友、主持人等角色，在发挥教师作用的同时，又对教师教学艺术性有了提高，让教师看起来更像一个艺术家，每次课就像一幅作品。因此，该项研究的实施，对于教师来说将有利于提高教师的教学智慧，更是一种严峻的有益的考验。

二、保证建构主义教学思想运用效果应注意的几个问题

将建构主义教学思想运用到高职高等数学教学中去，为我们解决一些问题，提供了一些新的方法，但在运用建构主义教学思想的过程中由于受各个因素的影响会出现偏差。如果不注意，会使我们迷失初期目的，为了保证建构主义教学思想的运用效果应注意以下几个问题。

（一）慎用情境教学

为了吸引学生，提高学生学习的兴趣，各种教学方法都会运用情境引入的手段，但是，是不是每堂课都要使用情境教学呢？非也。创设情境应该是要基于生活，贴近生活，应该是能够紧扣教学内容，激发学生情感的，而不是为了一味图新颖、图花哨，不切实际地滥用，否则只会适得其反。有些教师根本就没明白为什么要创设情境，跟所要学的知识有什么关系，就跟风在自己的 PPT 前加入一些自认为有趣、有用、有看头的视频、歌曲、动画等，根本就谈不上为所学的知识点进行建构了，有的教师更聪明，只是把原来的一些案例换了一套衣服，由一次性给出变成了零敲碎打的提问，也自认为是创设了情境。有些教师创设完情境后，认为情境设计的任务就完成了，又直接回到传统教学的方法上，解题去了，形同于转了一圈又走到老路上去了。这些现象反映了我们一些教师对情境设计的重视度不够，没能认识到情境设计应一直贯穿在教学过程中，情境设计的目的是使学生的学习更贴近生活，

更有利于学生理解知识，更加灵活地应用知识，从而导致创设情境被流于形式，变成了“形式化的情境”“假问题的情境”“偏离教学的情境”“缺乏真情的情境”。这些“情境”是没有价值的，甚至是有害的，让学生不知所云，反倒影响和干扰了学生的学习，所以教师在设计情境的时候必须注意不要滥用情境教学，不能为了有情境而乱设情境。

（二）合理应用多媒体教学

教育信息化是教育发展到一定程度的表现，信息技术的发展为教师提供了多样化教学工具，如课件、视频、微课、网络平台等，在教学过程中应用信息技术手段就是现代教师的能力，但由于信息技术在我国的推广应用的时间并不长，高职教师在使用信息技术教学时出现了误区。

1. 合理应用多媒体进行教学

教师利用多媒体课件辅助教学是为了能更好地将自己设计的情境用更生动的图像视频展示在学生的面前，为教学内容建构出一个合适的环境，以便于更好地完成教学任务。用多媒体教学是有益于运用建构主义教学的，但过多地利用多媒体教学，稍有不慎，就会导致教学过程受到多媒体教学信息化过大，教学过程机械化，教学内容过多、过杂，使学生无法分清教学重点，反而让建构过程成了青纱帐，失去了作用，容易引起学生反感，甚至不如传统教学。传统教学的优点是在教学过程中，老师可以一边画一边讲，一边写一边讲，学生能跟着一起思考，还能根据学生的变化来调整教学的过程，但运用多媒体教学会受到课件及教师教学控制能力的影响，如果上课的速度教师控制不好，没能起到建构的作用，教师成了播放员，上课就成了教师播放PPT，学生看电影。教师受多媒体的控制，放大了多媒体技术的作用，慢慢地对多媒体产生了依赖，开始忽视语言、板书、直观教具的作用，而去片面地追求多媒体的感官刺激，从而失去多媒体的视、听建构情境的作用，使建构主义教学空想化，所以当我们在应用多媒体进行教学时，必须注意合理地应用多媒体。

2. 重视教师引导的重要作用

课堂教学的精髓是师生的相互交流、相互影响。而建构主义教学思想中学生自主学习是研究的重点，有些教师为了完成教学任务，忽视了引导的作用，在应用多媒体技术教学时自己跟着课件走，没考虑学生，一不小心又掉进传统教学的坑里，让学生跟着老师走，让学生成为课件的奴隶，直接影响到教学效果。如何让学生从不感兴趣到主动加入，我们应该注意什么，这个也是运用建构主义教学思想进行教学需要思考的问题，更是一个难点，而教师如何引导学生是这个环节的关键点。多媒体技术代替不了教师活动，代替不了教师与学生情感的交流，教师根据自身经验在关键的时候引导学生讨论、调整讨论内容、帮助学生完成任务、用比赛等手段调控课堂的气氛等，从而提高学生主动学习的参与度。虽然在引导过程中要多花一些时间，甚至停止教学任务，会出现一些突发现象，但通过教师的正确引导，至少让学生认识到自主学习是完成学习任务的基本要求，也只有通过教师的有效引导，才能寻找到一种适合自己的有个性、有效果的学习方法。而数学教学本身对积极思考、积极参与要求得更高些，教师揭开反思过程、引导促进学生思考就成为数学教学的特点，所以数学教师能否引导学生学习更为重要，也是教师运用建构主义教学理论进行教学的必备手段。

所以合理运用多媒体技术，融合传统教学的优点，特别是重视教师的引导作用，是我们为保证教学效果要注意的问题之一。为此需要教师有全新的教学设计意识，才能把教师与多媒体技术的优势同时发挥出来。

（三）避免考核方式单一

由于运用建构主义教学理论进行教学，在教学过程中因为个人竞争、小组竞争、各种有特点的任务（如花五分钟用普通话描述某个数学人物）等，必然会产生一些不同于以往的评价方式。正因为教学方法与手段的多样化，而传统教学中用期末考试分数确定学生学习的情况的考核评价方式已经不适用了。虽然有的高职院校通过采用题库或教师交叉命题的方式进行考核，但不论是闭卷考试多，开卷考试少，还是纸质考试多，其他考试形式少，都已不利于全面、真实地考核学生，学生的各种能力及优点无法得到展示，特别是对高职学生来说，更为重要的动手能力、创新能力怎样体现在考核结果中，从某种角度上讲，直接影响着教学目标的实施。对高职学生来说，考核方式不变，等同什么都没改，实质上还是没能摆脱传统应试教育的枷锁，想将建构主义学习理论运用于教学就会像一场梦，所以采用多种考核方式是要注意的问题。可采用不同的、有益的、鼓励的考核方式，如主动完成任务给予加分、帮助不同组的同学给予加分、积极与老师交流给予加分、完成任务时诚信给予加分，从而确保思想上的建构。

以上就是我们在高职高等数学教学中应用建构主义教学思想后的效果及为了保证效果而需要注意的问题。我们不能仅仅把建构主义学习理论看成一种方法，更为重要的是将其运用在细节教学中。作为高职教师要知道为什么这样教，你想教会学生什么，学生又从你这学到了什么，以防急功近利、换汤不换药、改头换面的教学改革。建构主义学习理论最为突出的一点，是要求教师创造一种良好的环境，鼓励身在其中的教师和学生去思考和探索。这是一个巨大的挑战，但若不这样做，教学将永远屈从于盛行的行为主义方法。

第三章

基于专业服务的高职高等数学教学改革研究

高职教育作为我国高等教育的一种类型，在为区域经济发展培养高素质技术技能型人才方面发挥着重要的作用，随着高职院校内涵建设的不断深入，公共基础课高等数学如何为专业服务就显得尤为重要，由于目前存在的学生、教师、教材、课程定位、评价制度以及教学方法与手段等多方面因素的影响，导致高职数学教学与学生专业存在脱节。为此，要深入研究高职教育教学特点，深化高等数学教学改革，以“必需、够用为度”，树立“高等数学课程为专业服务”的理念，积极推进高等数学课程建设，这对培养学生的综合素质、创新能力、分析解决问题能力以及提高职业教育教学质量都有着现实意义。

第一节 高职院校高等数学课程教学的现状及存在的问题

数学是研究数量关系与空间形式的科学。高等数学作为文化课，要让学生接受科学文化教育。李大潜院士指出："整个数学的发展史是与人类物质文明和精神文明的发展史交融在一起的。作为一种先进的文化，数学不仅在人类文明的进程中一直起着积极的推动作用，而且是解释人类文明的一个重要支柱。数学教育对于启迪心智、增进素质、提高人类文明程度的必要性和重要性已得到空前普遍的重视。"数学素质是人类文化素质的重要组成部分，是一个人可持续发展的基础。具有创造意识和创新精神的人，往往具有深厚的科学知识和崇尚科学的精神，同时也具有良好的文化素养和较好的数学运用能力。职业教育是以就业为导向的教育，但不是纯粹的就业，它关系到学生的从业、就业以及岗位的转型，因此，课程体系不能过分专业化，应充分体现人的全面发展。

一、高职院校高等数学课程教学研究背景

高等数学作为公共基础课，不仅能提高学生的综合素质，为后续专业学习提供必要的工具，同时也为培养专业技术人才应用能力提供保障。严士健、张奠宙、王尚志等教授认为："数量意识和用数学语言进行交流的能力已经成为公民基本的素质和能力，他们能帮助公民更有效地参与社会生活。实际上，数学已经渗透到人类社会的每一个角落，数学的符号与句法、词汇和术语已经成为表述关系和模式的通用工具。"高职高等数学课程教学，可以训练学生的职业能力，促进学生职业能力结构化；课程要充分体现"必需、够用，服务专业"的原则，为学生专业成长和持续发展服务。

近年来，高职院校大力推进校企合作、工学结合的人才培养模式，任务驱

动、理实一体、工学交替等教学模式被广泛应用，为了突出学生专业技能训练，在总课时未增加的状况下，高职高等数学课时被减少和压缩，高职高等数学的定位问题出现两种观点：一种认为高等数学课程，关系到学生的未来发展，为学生就业和持续发展服务，应按照学科体系开设；另一种则认为，数学课程学生在高中已经学过，掌握的数学内容基本够用，在高职教育阶段不必要再开设。可以看到，这两种观点都存在一定的局限性。

坚持高等数学课程学科本位，片面追求数学知识的系统性、数学思维的严密性和数学理论的逻辑性，忽视讲课内容的针对性、实用性和应用性，造成高等数学课程逐渐让学生兴趣大减，从而使高职高等数学开设的必要性受到质疑。认为高职院校没有必要开设数学课，于是纷纷“砍掉”，或者大幅度削减课程的课时。有些院校的理工科专业甚至取消了开设数学课程，于是造成高职院校培养的学生文化底蕴薄弱、专业面窄、适应能力较差，虽然学生岗位技能好像提高了，但职业核心能力、转岗适应能力和创业创新能力等普遍缺乏，使学生在激烈的人才竞争中处于劣势。经过多年的实践探索，高职高等数学课程的定位研究，已从“应不应该开设的问题？”转向“如何开设以及如何开好的问题？”以“服务专业，必需、够用”为原则开设高职高等数学课程，已成为高职院校广大数学教师和学校管理部门的共识。高等职业教育面向社会各行业第一线需要，培养高素质技能型应用人才，在全面建成小康社会和进一步深化改革开放的进程中具有十分重要的作用。高职院校要以课程建设为中心，深化课程教学改革，这不仅是高职院校可持续发展的需要，也是高职教育自身发展的客观要求。课程建设与改革是提高教育教学质量的核心，也是高职院校教学改革的重点和关键。因此，高职院校要在基于专业服务的基础上，深入开展高等数学教学改革研究。

（一）研究目的

通过该问题的研究，可以了解目前高职院校高等数学教学的现状及存在问题，全面掌握高职学生高等数学的学习情况以及高职高等数学教师的教学情况，重点研究分析高职高等数学教学与专业教学相脱节的原因，指出基于专业服务的高职高等数学教学改革的原则与思路，针对教学中存在的问题，将高职院校高等数学教学改革与高职院校人才培养目标相结合，从课程标准的调整、课程教材的改革、课程教学体系的优化、课程教学模式的创新、课程评价体系的重建以及课程教学方法与手段的改革诸多方面，提出基于专业服务的高职院校高等数学教学改革的对策与建议，为高职院校高等数学课程、为专业服务研究提供借鉴。

（二）研究意义

高等职业教育是国民教育体系的重要组成部分，是高等教育中具有较强职业性和应用性的一种特定的教育，它是一种新的教育类型，其自身的发展也有一个过程。高等职业教育的特点、培养目标直接决定着高职课程内容与课程标准，高职高等数学教育教学要在满足学生素质发展要求、保持高等教育层次的前提下，更加关注学生职业能力的培养，为学生从业就业奠定基础。

1. 基于专业服务可以促进数学课程教学内容的优化

高职院校数学课程的教学改革，需要在各专业的数学教学中融入专业实际应用的思想，强化数学理论知识与专业现实问题间的联系与对接，以便于学生在理解的基础上，明确高等数学的应用价值，促进学生自觉地掌握高等数学的思想与方法，培养学生的应用意识，以及提升运用高等数学主动思考和解决问题的能力。

根据高等职业教育的培养目标，高职院校高等数学教学改革在重视学生素质培育的基础上，要以培养学生的数学应用能力为重点。数学建模竞赛活动被引入到高职院校之后，对培养学生数学应用能力发挥了重要作用，对高职高等数学教学产生了积极影响，可以通过将数学建模的思想方法引入到高职高等数学课堂，建立数学与专业的直接联系，真正发挥数学的应用作用。所以，在高职院校开展数学建模实践活动，将数学建模融入高等数学教学之中，是高职院校专业培养目标的需要。

随着经济社会的发展，数学在经济学中的应用越来越广泛。许多经济理论都是建立在数学方法的推导和数学理论的分析之上的，可以说，经济学只有成功地运用数学时，才能真正得到充实和发展。因此，在高职财会类专业的高等数学教学中，就需要恰当地选择专业案例，应用高等数学方法找出经济变量间的函数关系，建立数学模型，然后运用数学方法分析这些经济函数的特征，以便对经济运行情况进行准确判断并做出相应决策。教师也可介绍高等数学在财会类专业上更广泛的一些应用，将数学与经济学充分对接，把数学知识与专业知识进行必要的整合，使学生充分了解经济数学的应用背景。

在导数的教学中，可通过变速直线运动的瞬时速度问题和平面曲线的切线斜率问题引出导数概念，顺便也可介绍电流模型、细杆的线密度模型、边际成本模型和化学反应速度模型等，强化学生对导数概念的认识和理解，也促使学生看到了数学知识在不同专业实际问题中的广泛应用，拓宽了学生的思维渠道和模式，使学生体验到所学专业领域相关实际问题的解决思路，增强了课程学习的可操作性。

2. 基于专业服务可以促进数学课程教学方法和手段的改革

基于专业服务的高等数学课程教学改革，离不开数学教学内容与专业应用的有机结合，教师不能只讲授知识，而应根据学生专业学习和可持续发展的需要开展数学教学，要关注学生思维能力的训练与创新精神的培养，引导学生在数学学习中，掌握科学的学习方法，要抓住重点，不但要会学数学，而且要会用数学知识、数学思想与方法思考解决实际问题，鼓励学生自主学习，刻苦钻研，积极进取。针对专业的实际应用，对高等数学教学方法和手段进行大胆改革，通过大量专业实例，结合学生特点，大力倡导合作学习和开放式学习，课堂上积极采用启发式、分层式教学和基于实际问题的解决等灵活的教学方法，提高高等数学课程的教学效果和应用水平。课堂上，教师在讲授必要的数学基础知识和数学理论时，给学生创设与专业有关的问题背景，引导学生分析思考问题，构建“实际问题—合作讨论—建立模型—解决问题—教师讲评”的数学教学模式。

此外，在高等数学教学中，教师还应积极运用互联网和多媒体技术进行教学，一方面，有利于充分调动学生学习的积极性和主动性，另一方面，也有利于学生对数学教学内容的认识、理解和掌握，突破教学难点，弥补传统教学方式在视觉、立体感和动态意义上的不足，拓宽创造性学习的通道，使一些抽象、难懂的内容易于学生理解和掌握。高职高等数学教学通过融入数学建模活动，可以打破原有高职高等数学课程重理论、轻应用的现状。建模活动中，需要用到研究性、探究式和讨论式等教学方法，可以让学生参与到高等数学教学环节的全过程之中，发挥学生的主体作用。数学建模过程中，灵活运用现代信息技术分析解决实际问题，一定会挑战传统的教学方法与手段，从而促进数学课程教学方法和手段的改革。

3. 基于专业服务可以促进高职高等数学师资队伍的建设和发展

基于专业服务的高等数学教学改革，离不开教师的主导作用，教师必须改变传统的教学方式，提升高职教育理念。不仅要关注高等数学的素质培育功能，加强数学教学的理论性研究，而且要加强与学校各专业的沟通与交流，了解学校的专业设置状况、特点及各专业的培养目标，明确各专业课程对高等数学的要求，并将其融入不同专业高等数学课程的教学之中。这样一来，不同专业的高等数学课程，都可作为相应专业重要的专业基础课程。

高等数学在专业中的广泛应用，对数学教师的素质和能力提出了挑战，数学教师需要与时俱进，积极发展自己与专业变革需要相适应的各种能力。数学教师必须补充相关的专业知识，拓宽专业知识面，培养自己的专业性数学教学能力。要搞清相关专业的能力标准，有针对性地开展高等数学教学，熟练进行数学软件的操作以及信息技术的运用，积极开展数学建模实践活动，优化教学方法和手段，不断进行知识更新，提高教科研工作能力。可见，基于专业服务的高职高等数学课程教学改革，对高职院校高等数学教师的知识结构、能力结构和学历层次提出了新的标准，对数学教师的综合素质和业务能力提出了更高的要求，因此，培养一支具有良好数学基础及专业素质的师资队伍是促进高等数学教学为专业服务的重要前提。

（三）研究依据

1. 理论依据

（1）建构主义理论

建构主义理论认为，作为认知主体的人，在与周围环境相互作用的过程中建构关于外部世界的知识，离开了主体能动性的建构活动，就不可能使自己的认识得到发展。其一，在建构主义看来，个体学习不可能以实体的形式存在于个体之外，只能由学习者个体基于生活中形成的经验背景建构新的知识技能，是学生在已有经验的基础上，主动选择、加工、建构信息的过程。因此，高职高等数学课程教学要提供有利于学习者认知发展的认知工具，尽可能地创设有利于学生学习的情境，构建以学习者为中心的教学情境，激励学生的内在潜能去自主探索。其二，认知主体的认知既是个体内部的建构，同时也是社会建构。知识是具有社会属性的，会受到一定社会文化环境的制约。因此，学习是在一定的情境脉络下知识的社会协商、交互及实践的产物。学习过程的发生、发展是一定意义的社会建构，这些特性必然决定了高等数学教学要有助于学习者交流，提倡在真实的情境中通过建立学习共同体，达到个人与团队之间观点、经验的交互，进而提升个人的知识理解，重视学习者的亲身参与，强调真实的学习活动和情境化的教学内容。

（2）多元智能理论

多元智能理论承认人的个别差异，认为人的智能是多元的、开放的，它还坚持人的智能只有领域的不同，而没有优劣之分，轻重之别。每个学生都有各自发展的潜力，只是表现的领域不同而已，它关注学生起点行为及个体优势，强调学生潜能的发挥。

多元智能理论不仅有利于我们深入认识高等职业教育的特点，而且对于数学教学领域的发展也将注入新的活力。从某种意义上说，基于专业服务的数学教学符合职业教育的人才培养特点，它是实现开发潜能、发展人的个性的主渠道。针对职业院校的培养对象，要考虑到教学目标的定位必须明确化，教学内容的传授方式必须转换，教学方法必须适合形象思维而非逻辑思维，教学场所也应该实现多功能化。

成功智力是个人获得成功所必需的一组能力，它由分析性智力、创造性智力和实践性智力三部分组成。高职教育具有明显的生产性、职业性和实践性等特点，这决定了其培养的人才除了具有学业智力以外，还要具有良好的职业能力，对其职业能力的发展起重要作用的是实践性智力，而经验又是实践性智力的重要影响因素。因此，我们要在了解学生基本情况的基础上，尽可能发挥经验对智力发展的积极影响，在兼顾学生学业能力发展的基础上，更应强调具体工作和生活实践中高等数学综合运用能力的培养，应建立以开发多元智力为基础，以发展学生的职业技能为重点的教学体系。

（3）情境学习理论

情境学习理论强调知识与情境之间交互作用的过程，视知识为一种基于情境的活动，是个体在与环境交互过程中建构的，学习者在情境中通过活动获得了知识，通过动手实践掌握了技能。同时情境学习理论认为，学习是情境性活动，学习被理解为是整体的、不可分的社会实践，是现实世界创造性社会实践活动中完整的一部分。此外，情境学习还融入了社会建构主义与人类学观点，从参与的视角考虑学习，认为学习者应是完整的人，这不仅表明与学习特定活动的关系，还暗示着学习与社会共同体的关系。同时，情境理论认为，个体通过合法的边缘性参与获得学习共同体成员的身份。从情境学习理论中我们可以获得以下启示。

首先，要促进知识向真实生活情境转化。这种情境关注的是能够为学习者提供足以影响他们进行有意义建构的环境创设，使学习者在解决结构不良的、真实的问题的过程中有机会生成问题、提出相关假设，进而解决问题，形成学习者的知识技能。然而在高职高等数学教学中，学习情境终究与实际的工作环境有别，这就要求要根据课堂教学、数学实训、数学建模等的要求，尽量使学生的学习内容贴近现实的问题情境，创设与本专业的就业岗位（群）的真实情境相一致或相近的职业情境，使学生通过虚拟或仿真的情境来积极主动地学习和探索，建构高等数学的知识与技能。

其次，在实际的高等数学教学尤其是数学实训和数学建模中，会存在大量的默会知识，这些难以进行明确教学的隐性知识，仅隐含于知识与人、情境产生互动的共同的实践之中，因此，要特别关注设计支持隐性知识发展的情境，使学习者通过“合法的边缘参与”，让隐含在人的行为模式和处理事件的情境中的隐性知识，内化为自身活动的能力。

最后，情境学习理论认为，个体通过参与共同体的实践活动，取得具有真实意义的身份，逐步从合法的边缘参与过渡到实践共同体中的核心成员，这个过程是动态的、协商的、社会的，是共同体成员之间通过各种互动与联结，传递学习共同体的经验、价值观与社会规范，是个体不断建构知识技能的过程。

2. 现实依据

高职院校的数学教学改革，是数学科学发展的必然要求，应该满足经济社会发展的需要，体现现代高职教育特点，教学过程必须能够丰富和发展学习者的个性。高职高等数学教学必须为学生学习专业和可持续发展服务，使学生终身受益。

（1）数学科学发展的需要

随着经济社会的不断进步，数学的最大发展就是应用，它已经从幕后走到台前，直接或间接推动着生产力的发展，成为能够创造经济效益的数学技术，它几乎在各个领域都有着非常广泛的应用，这就使数学素养已成为公民基本素养不可或缺的重要内容，数学在培养应用型人才的过程中起着其他学科不可替代的作用。因此，高职院校应重视学生数学素质和数学应用能力的培养。然而目前的高职高等数学教学中，仍然存在着较多的与高职人才培养目标不相适应的现象，主要表现在：重视数学理论知识的传授，关注学生数学知识的严密性、系统性和完整性，重理论轻实践，重知识轻能力，忽视了数学思想、方法在专业上的广泛应用，特别是教学中不关注学生应用数学知识解决实际问题的能力，忽视了学生创新意识和创新精神的培养。

（2）经济社会发展的需要

现代信息技术和经济社会的高速发展，产业自动化、信息化程度的提高，经济生活的日益纷繁复杂，越来越离不开数学的理论、方法以及数学思维方式的支持，这就使社会对公民素质有了新的要求。科学精神与理性思维能力是高素质技能型应用人才必备的素质，高职教育应重视学生理性思维能力和科学精神的培养。经济社会发展对技术应用人才的需要，实际上是对学生数学应用能力、创造能力和创新精神的需要，不需要学生掌握知识有多少，要想在未来的事业中取得进步、得到发展，就需要具有一定的自学能力、创新理念与创造性的技能，而这些都离不开高等数学的学习和培养。

（3）现代职业教育发展的需要

现代职业教育就是在普通教育的基础上，对国民经济和社会发展需要的劳动者进行有计划、有目的地培训和教育，使他们达到一定的专业知识和劳动技能，从而达到容易就业或就业后容易提高的一种教育。目前，职业教育发展的特点和趋势是：职业教育社会化、职业教育终身化、职业教育现代化。这就要求高职高等数学教学应从以知识传授为主，向和谐的人的全面素质发展转变，从人的“阶段教育”向“终身教育”转变。职业教育的发展，要求必须在基于专业服务的基础上，开展高职高等数学教学改革研究。

课程改革必须与学生发展相一致，使高等数学教学为学生的专业学习服务，把解决专业实际问题与高等数学教学紧密结合，将数学建模的思想与方法融入高职高等数学课程的教学中，突出课程的综合性、应用性和开发性，彰显高职教育数学教学特色。教学内容要以应用为目的，以“必需、够用”为度，把培养学生应用高等数学解决实际问题的能力与素养放在首位，不应过多强调其课程体系的系统性、逻辑的严密性、思维的严谨性，而应将其作为专业课程的基础及延伸，强调其应用性、解决问题的自觉性，加强培养学生的数学问题意识和数学应用能力，是高职高等数学教学从面向少数学生到面向所有学生，从被动学习数学转到在数学活动中的主动建构学习，从强调“学科中心”到关注学生职业能力的发展。高等数学教学中，要让学生做到从学数学到用数学的转变；要更加关注学生的基本运算能力、量化研究能力和数学建模能力的培养，为学生优质就业创造条件，为学生持续发展奠定基础。

（四）国内外研究综述

随着经济社会的快速发展，数学已经不单是一门科学，而是一门技术，多年来，国内外一直致力于开展高职高等数学教育教学改革研究。

1. 国外研究综述

日本职业教育通过建立综合高中，加强职业课程的专业化，倡导学习形式的多样化，关注学生综合素质的提升，重视学生创新能力的发展。韩国在课程编排上，十分重视理论课为实践课服务，职业教育的数学课程针对专业不同而有所调整，如：在电子技术专业，数学课 80 学时，被分为 2 个模块，一块是公共数学，包括指数函数、微分、积分和重积分等，要求所有学生必修，另一块为电子数学，编在专业课范围内，讲授排列组合、向量、级数和微分方程等内容，为学生学习专业技术服务。澳大利亚是基于“能力单元”发展历程，安排并组织教学的，首先确定职业岗位所需的技能和关键项目，然后转换成特定的课程，最主要的特色是职业教育以学生为中心，教学形式、教学方法相对灵活，打破了传统单一的课堂教学形式，增加了现场研究、不同时间学习、利用现代教育技术学习以及协议学习等，以适应不同的学习小组和学习环境。

德国高等职业教育强调应用的重要性，数学教材提出要适应学生的心理自然发展，数学教学不过分强调形式的训练，重视其应用，密切与其他学科的联系，通常以函数思想和空间观察能力作为数学教学的基础。学生只有通过了基础课的学习测试，才能进入下一阶段的专业学习环节。英国高等职业教育十分重视教学的基本理论，反对实行时间过早、范围狭窄的专门化训练，在关注职业教育课程的同时，强调公共文化知识教学的必要性。美国的职业教育不以教授知识为目的，职业教育强调能力培养，注重学生的素质教育和人的全面发展，特别重视文化基础课程的能力培养，开设演讲课训练学生的语言表达能力，开设应用数学课程解决专业的实际应用问题，职业教学十分重视实用性、应用性和针对性。

要认真学习国外高职教育教学经验，从中汲取值得我们借鉴和利用的课程资源。我国高职教育专业课程体系的构建以及不同课程的教学改革，大都借鉴发达国家模块化教育理论的思想。模块化教育主要指 MES 和 CBE 两种模式。MES 是由国际劳工组织研究开发的，以现场教学为主、以技能培养为核心的教学模式，称为“任务模块”。CBE 是以职业能力为依据确定模块，以从事某种职业应具备的认知能力和活动能力为主线，可称为“能力模块”。两种模式的共性都是强调课程的实用性和能力化。

2. 国内研究综述

我国职教界通过借鉴学习、实践总结，提出了适合我国国情的“宽基础、活模块、人为本”的教育模式，这种教育模式，就是从以人为本、全面育人的教育理念出发，根据高职教育的培养目标，通过模块课程间灵活合理的搭配，首先培养学生宽泛的基本人文素质、基本从业能力，进而培养其合格的专门职业能力。国内绝大部分职业院校在借鉴这一教育思想之后，首先是对专业课程教学模式进行大胆改革，反复实践，并取得了较好效果，积累了一定的经验，然后将其扩大到专业基础课和公共基础课之中。根据不同的目的和要求，目前对高等数学存在的模块划分有多种形式：如郑州电力高等专科学校根据一定的分类标准，把高等数学课程分为3个教学模块，即数学理论（基本模块）、数学实训（扩展模块）和数学建模（开发模块）；有的学校也打破原有课程体系，把高等数学课程设计为极限模块（一元和多元函数、极限、连续）、微分模块（一元和多元函数导数与微分）、积分模块（不定积分、定积分、重积分、线积分和面积分）、级数模块和方程模块等；浙江台州职业技术学院等院校提出多模块分层教学，把高等数学课程分为 3 个模块（基础模块、应用模块和提高模块）；天津机电职院等院校的高等数学课程采用“共用基础模块＋专业选修模块”的课程结构模式；天津电子信息职院的王莉华、孙晓晔认为模块化的“高等数学”课程教学体系应该包括公共必修模块、限定选修模块和任意选修模块等。

我国高职院校高等数学课程教学改革历程可划分为三个阶段：第一阶段可概括为“内容压缩型”，其特征是把传统的数学教学内容进行删减，通过删繁就简将教学内容压缩为若干模块，供不同专业的学生选用学习。在这个阶段，除删掉或者减少复杂的数学理论推导和证明外，不管是教学内容、教学方式还是教学方法，仍然沿用传统的数学教学模式。第二阶段称为“内容整合型”，将传统的数学知识整合为若干模块，在每个模块中添加了一些数学知识的应用内容，教材中增加了部分专业实例。虽然这一阶段较之第一阶段有了很大的进步，不仅是整合了高等数学课程的知识内容，还开始突出高等数学知识的应用，但每个模块的内容仍保留了数学课程原有的逻辑体系，重点突出知识的系统性和知识间的前后连贯性，以及依然注重数学计算方法与技巧的训练。目前，高职高等数学课程教学改革已进入到第三阶段，即“模块案例结合型”的模式：高职高等数学课程的教学内容实现数学模块与专业案例一体化，将数学与专业融合起来，同时通过数学软件提高学生处理复杂实际问题的计算能力，提倡使用计算机技术整合高等数学教学内容，达到培养学生应用能力和创新精神的目标。虽然改革的方向是合理和正确的，但是这项课程改革还只是起步阶段，完整的理论基础和实践体系仍然处在思考和探索之中。

3. 国内外研究现状分析

通过对国内外相关领域的文献进行检索、研读，发达国家在职业教育公共课方面的做法给了我们明确的启示：一是高职高等数学课程设置是一个动态过程，要适应学校专业设置和经济社会的发展；二是高职高等数学知识是所有知识中最稳定、最持久的部分，是学生学习专业知识的基础；三是高等数学教学应加强课程的实践性和可操作性，增强应用性。因此，高职高等数学课程要深化教学方法改革，树立“为专业服务”的意识，改革高等数学的学科型架构，建立适应现代职业教育需要的课程内容体系，以知识的“必需、够用为度”，打破知识的系统性与完整性，重视数学教学的应用性和针对性，实现时间资源的效益最大化，凸显高职教育特色，体现以就业为导向。

高等职业教育的迅速发展，加快了高职院校开展数学教学改革研究的步伐，尽管高职院校的数学工作者对高等数学课程如何为专业服务做了许多有益的探索和尝试，但目前还处在改革的初级阶段，只是说得多，做得少，理论分析多，实践探索少，教学内容及教学模式还没有从根本上改变，教学方法与手段也无法满足学生专业学习和可持续发展的需要，还必须做深入系统的分析研究。

二、高职学生高等数学课程学习的现状分析

传统的高等数学内容理论性过强，讲究课程的逻辑性、严密性和系统性，课程教学与生产生活、社会实践和学生的专业学习存在脱节，在为专业服务上

不能广泛适应高职学生的实际。

高职院校大多数学生的数学基础较差，大约25%的学生听不懂高等数学。出现这种现象的原因主要有，学生学习态度不端正，学习积极性不高，课前不预习，课后不复习，作业不能独立完成，甚至抄袭或不做作业。另外，学生自控能力差，经常迟到早退，有的学生无故不上课，即使来到教室，也不专心听讲，上课睡觉、玩手机的现象时有发生，不能主动地参与到教学过程中，没有养成良好的学习习惯，缺乏教学中的情感体验，不能及时总结和反思自己的学习，也没有掌握科学有效的数学学习方法，认为高等数学难学，学习高等数学也没什么用处，所以，无法坚持下去。通过调查还发现，学生对高等数学教师也提出了明确要求，数学教师要紧跟形势，与时俱进，加强学习，不断调整专业知识结构，突出数学教师的技能性、实践性和综合性，加强数学课程与专业课程的联系，拓展自己的专业性数学教学能力。

三、高职院校高等数学课程教学中存在的问题

高职院校的高等数学，是大部分专业必修的公共基础课程之一。而其以严密性、抽象性、逻辑性强而著称，但教学却以教师难教、学生怕学而广为人知。

（一）课程价值定位不准，认识存在偏差

高等数学作为一门公共基础课，承担着高职院校学生素质培育和为专业服务的双重功能。但实际教学中，一方面，由于高职院校对专业课教学的重视，忽视公共基础课在人才培养中的重要地位，于是高职高等数学课时不断压缩，教学时间安排紧张，导致高等数学教学内容多、容量大、进度快；同时，由于高职院校招生规模的逐年扩大，生源素质整体下降，学生很难跟上高职高等数学教学的节奏。另一方面，由于高职高等数学课程定位不准、认识存在偏差，数学教师还没有完全脱离传统的教学模式，教学与专业联系不紧，与人才培养目标结合不够，没有在基于专业服务的基础上进行教学，造成了高等数学教学与专业教学相脱节。

可见，学生素质下降、教师高职教育理念陈旧以及数学教学课时减少，是高职高等数学课程教学效果不理想、课程价值得不到充分发挥的直接原因，而

课程价值定位不准、数学教学没有及时调整以应对高职生源与课时的变化，则是课程价值得不到充分发挥的深层原因。

（二）教材内容体系陈旧，脱离学生实际

长期以来，我国高等数学教材体系一贯讲究课程的严密性、系统性和抽象性，缺乏针对高职教育高等数学课程讲究应用性的目的，重视知识传授、理论推导和解题技巧训练，轻视数学的实践性与应用性，忽视数学实训、数学建模在高职各专业的灵活运用，教材普遍存在“难、偏、旧”的状况，教材类型较多，但适用性不强，涉及高职各专业的数学应用内容较少，没有真正反映高职高等数学教学实用的适应性教材。

当前高职院校的高等数学教材，教学内容依然是一般本科高校高等数学教材的压缩，结构未做调整，系统变化不大，教学方法落后，缺乏灵活性和先进性，特别是教学内容的选取，缺乏与其他专业课程的渗透与沟通，不适应高职学生特点。在教学中，教师根据不同专业数学课程授课计划，对教材内容做简单的删减压缩，既与专业脱钩，又与实际脱节，高等数学教学不能真正发挥为专业服务的功能，也难以实现数学的素质培养，反而容易导致学生的应付心理和厌学情绪。高等数学教学要发挥素质培养和为专业服务双重功能，所采用的教材应精心编写、精简实用，既能发挥课程的素质培养功能，又能与后续专业学习相衔接，增强教材的适用性、针对性和应用性。

（三）学生数学基础较差，学习动力不足

目前我国的高职院校与高中学生心目中真正的大学相比，存在的差距较大，所以大多数考上高职院校的学生，面对新的同学、教师和学习环境，不仅没有产生自豪感和兴奋感，反而心情沮丧、情绪低落，甚至产生自卑，在这种心情状态下的学生，其学习的积极性和主动性就可想而知了。更现实的问题是，高职院校所招收的新生在高中阶段的基础知识相对薄弱，学习的适应性不强，综合运用能力较差，克服困难的决心不大，学习动力不足，这样，学习精神很难发挥出应有的水平。

由于长期受应试教育的影响，大多数学生学习数学的方式是被动和机械

的，普遍感到高等数学难学、难懂，因而在学习中难以坚持下去，即使能坚持下来的，对高等数学本质的理解也只是一知半解，遇到专业及生活中的实际问题时，不知如何去解决，无法从专业实际问题中抽象出数学问题，分析解决实际问题的能力不高，在借助信息技术手段对数学实训、数学建模和多样化的探索性学习，以及拓宽自己学习空间方面的能力相当薄弱。另外，高职院校学生数学能力的发展不全面，尤其缺乏对综合素质、实践能力和创新精神的培养，在高等数学学习中缺乏良好的情感体验以及对个性品质的关注。

（四）教师知识结构单一，综合素质不强

目前的绝大多数高职院校，是前几年新建或由普通中专学校升格合并而成的，师资队伍整体水平偏低，他们大都是过去从事中专数学教学的教师，习惯于传统的学科式教学，知识结构单一，综合素质不强，授课无吸引力，教学方法及内容与高等职业教育往往不相吻合，一些教师的教育教学理论和教学实践水平不符合高等职业教育的要求。相当多的数学教师不熟悉社会对高职人才的实际需要，教学理念不新，教学模式陈旧，缺乏应有的创新，特别是与数学实训教学、数学建模活动的开展与推进存在一定的差距。同时，绝大多数高职院校高等数学教学效果的评价仍继续使用传统的评价方法，不能真正体现高职教育的课程特色。

高职院校的数学教师一般被安排在基础系部，其教研活动、科学研究及课程建设等都局限在数学教研室或本系部内进行，与各专业院系沟通比较少。数学教师对学生专业知识了解不够，特别是对数学在专业上的应用知道得较少，不能结合学生专业开展数学教学，更不能用数学实训或数学建模的思想方法解决专业问题。高等数学教学中，往往只是纯粹的数学知识传授，联系学生专业实际应用的比较少。

（五）课程教学方法传统，教学手段单一

目前的高职高等数学教学，仍然采用“教师讲、学生听”的传统方法，教学方式单一，教学组织呆板，缺少活力，缺乏层次，教学过程中普遍缺乏对学生的启迪和积极引导，忽视对学生科学探究精神的帮助和鼓励，不讲课程内容的科学意义，课程学习对专业成长的作用，课程的最新发展现状，而在一些枝节问题上大做文章，过于重视课程教学的逻辑性、严密性和系统性，甚至把做题作为整个教学活动的中心。

以“教师、教材、传授知识”为中心的传统教学方式，过分追求课程的逻辑严谨和体系形式化，忽视了人能动因素的突出表现，使数学课堂变得单调与沉闷，缺乏生机与活力，学生学习的方式始终是被动接受，不利于学生的综合发展和创新精神的培养。在高职高等数学教学中，应用现代信息技术手段开展教学的较少，数学实训、数学建模与数学探究等数学实践活动普及率低，所有这些都直接影响着高职高等数学的教学效果。

第二节　基于专业服务的高职高等数学教学改革的原则与思路

高职院校以培养技术应用人才为目标，因此，高职院校要充分彰显高等数学课程特色，深化高等数学教育教学改革。

一、基于专业服务的高职高等数学教学改革的基本原则

随着社会和教育事业发展的需要，高等职业技术教育成为高等教育的一部分，已成为当前社会关注的一个热点。

（一）以人为本、以学生为中心的原则

高等职业教育应倡导人的全面发展，关注学生的人格、品德及综合素质的培养，必须遵循以人为本，以学生为中心的原则，真正体现数学课程的文化教育功能和潜移默化作用。数学知识来源于社会实践，也推动着人类社会的进步和发展。它是一种科学文化，也是一种普遍使用的技术，教师应帮助学生了解数学的历史、应用、发展趋势以及数学家的创新精神等，反映社会发展对数学科学的影响作用，明确数学在经济社会各行业的应用，以及数学对一个人终身发展的巨大影响，要教育学生形成正确的数学观。

高职高等数学课在注重学生获取知识、能力和价值的基础上，要更加重视学生的个性发展，要按照“知识、素质、能力”的发展主线，深化高职高等数学教学改革，既要满足专业发展对数学课程的需要，又要促进学生的身心健康需要，既要保证学生优质就业，又要促进学生可持续发展，必须重视课程教学由单一性向综合性方向的转变，克服数学课程过分注重知识和数学运算的倾向，实现“人人学有价值的数学，人人都能获得必需的数学，不同的人在数学上得到不同的发展”。

（二）突出课程的职业性和应用性

根据高职教育的培养目标，高职高等数学教学应突出课程的职业性和应用性，不应追求课程内容的系统性、推理的逻辑性和思维的严密性，必须坚持“以应用为目的，必需、够用为度”的原则。高职高等数学作为学生学习专业课的基础，应强调其基础性、应用性和解决问题的自觉性，要让学生由“学会”变成“会学”，由“学数学”变成“用数学”，教师要积极开展学法指导，教给学生点石成金的方法，而不是帮他们点石成金，真正使高职高等数学教学能提高学生的数学素养，并逐步将所学的数学知识转化为技能，为专业课学习打好基础，为学生的职业发展提供支撑。

（三）彰显现代高等职业教育的课程特色

现代职业教育的课程特色主要体现在现代课程标准上，而高职院校的课程标准是教材编写、教学设计、教学组织、教学实施和课程评价的重要依据，是高职院校教学管理的基本内容，应体现职业教育课程特色，充分反映学生要求及专业需要，合理制定课程的性质、目标、框架和内容体系，并提出课程教学建议、评价要求和教学对策。因此，高职高等数学的课程标准应包括：一是课程性质与定位、课程设计理念和课程目标；二是课程基本框架、学时、教学重点与难点、教学方法与手段、学习情境等，能力要求和评价建议；三是教学实施建议，学生在知识、技能及情感态度与价值观等方面的基本要求，不同专业学生对高等数学的需求状况以及应达到的培养标准。

高职院校高等数学教学改革，必须树立全新的教育理念，建立全新的课程改革观：课程教学要首先指向人的全面发展，指向学生潜能的开发和个性的张扬；课程改革必须高度重视人的解放，必须与高职学生的专业发展相一致，要突出课程的应用性、综合性和开发性，使高职高等数学课程真正能为高职院校学生服务。

二、基于专业服务的高职高等数学教学改革的基本思路

高职院校高等数学教学改革，在重视学生文化素质教育的基础上，要更加

明确为专业服务，必须通过实现高职高等数学课程的功能转变，构建以应用为目的，以职业标准培养为核心的全新的课程结构。

（一）明晰高等数学课程的目标定位

高职院校面向经济社会发展培养高素质技术技能型人才，也承担着职业人员继续教育的重任，因此要适应经济社会发展需要，重视劳动者职业素养和综合能力提升，注意培养学生由狭窄的专业技能向综合素质转变，由单一的职业岗位就业向不同岗位的综合就业转变，以适应社会对高职人才的需求。高等数学课程对学生综合素质的形成具有重要影响，对于高职学生形成综合型知识结构和创新能力具有重要作用，特别是高职高等数学建模活动打破了数学与行业专业的界限，真正起到了培养学生综合职业能力的目的。因此，推进高职高等数学课程教学改革，应明确高职高等数学课程的目标定位，明晰数学课程在不同专业人才培养中的作用，并结合专业人才培养，实现数学课程的功能转变。

（二）构建以就业为导向、职业能力培养为核心的课程结构

根据适用性、实用性和应用性的原则，摸清目前高职学生实际，分析社会各行业及不同专业岗位群的任职需求，精选教学内容、重组课程结构，兼顾知识与素质培育，构建以就业为导向、以职业能力培养为核心的多模块高职高等数学课程结构，实现课程素质培养和为专业服务的双重功效。围绕高职专业培养目标，重视学生素质和数学服务专业能力的提高，建立数学课程与专业课程的相互融通及有机联系，用更多的时间培养和训练学生的综合职业能力，为学生职业规划和发展创造条件。为此，宜将高职高等数学课程结构分为基础模块、专业模块与提高模块，面向不同专业层次学生，培养其职业发展能力。

（三）突出能力本位指导思想，深化工学结合人才培养

一是要根据学生的专业素质和能力需求，合理安排数学教学内容，为学生学习专业奠定基础。根据高职教育目标要求，要合理安排数学教学内容，加强学生应用能力培养，以知识学习的“浅”换取能力训练的“深”。二是加强数学实践教学，深化工学结合人才培养。将课程改革引到课堂，建设成果落实到

学生中，更新数学教师高职教育理念，将课程与专业有机结合，突出能力本位的指导思想，处理好实践技能和理论知识两个系统教学之间的关系，积极采用基于工作过程、项目驱动教学模式，提倡讲练结合、教练融合、工学结合等教学，大力开展数学的应用能力训练，充分激发学生学习兴趣，真正做到理实一体化教学。三是加快优秀校本教材的开发，积极开展校本教师培训。根据各专业实际需要，有计划开发校本教材，每年集中组织开展数学教师的校本培训，鼓励数学教师尽快向“双师型”教师转型，提倡数学教师“一专多能”，鼓励教师开展专业教学实践，参加职业技能培训，提高数学课程服务专业教学的水平。四是建设新的课程教学评价体系，关注过程性评价，突出技能与能力考核，巩固课程建设成果。

（四）优化数学教师专业知识结构，打造优质高效课堂

我们知道，教师通常是教学改革的最大阻力。究其原因，一是习惯，即教师在多年的学习生涯及长期教学实践中,已经形成了很难改变的一些教学习惯，这些习惯根深蒂固，制约并影响着教育教学改革，它包括教师学习和接受新事物的能力、教学实践能力、灵活运用信息技术手段的能力以及创新精神等。二是受功利主义思想的影响，认为教书只是谋生的一种手段，不想改也懒于改，只满足于传统的教法，很少开展教学创新与研究。因此，每一名数学教师都应该致力于高职高等数学教学改革，承担起教学改革的重担，不断超越自己，在数学教学中实现人生价值。

目前,数学教师的知识结构问题,是制约高职高等数学教学改革的“瓶颈”，教育教学改革任重而道远，不能等待教师知识结构改善了再进行改革，也不能改革后再谋求教师知识结构的改善，课程教学改革与教师的知识结构改善，是一种相互依存、相互促进的互动关系，改革既依存于教师的知识结构，又为教师的知识结构改善提供了平台。高职高等数学教师知识结构的优化，是为了让教师的专业知识发挥到最佳地步，必须坚持专与宽结合、理论与实践结合、基础学科与应用学科结合，必须改变以单一学科为特征的知识结构，加强与专业课教师的联系，实现一专多能，从传统教书型教师向开拓创新型教师转变。学校也应组织开展一些提高数学教师高职教育理念、信息技术能力和数学建模活动的短期培训班，也可选送优秀中青年教师出外进修学习，从根本上扭转数学教师知识结构单一的现状。

衡量课程教学改革的关键在课堂，高职高等数学教学改革必须通过课堂来实现，开展教学改革，要看课堂发生的变化，即教师的高职教育理念、教学方式及学生学习活动的变化等。课堂是教学改革的实践基地，没有亲自去实践，就无从谈改革，再先进的理念也是苍白的；课堂也是产生改革新思想的地方，许多教学改革的思路、灵感就出自课堂，如果没有先进理念的指导，所有实践都是盲目的。

教师的数学教学要善于吸引学生注意，使经常缺课的学生能走进教室，使睡觉、玩手机和心不在焉的学生集中精力，并专心听讲，使愿意学习的学生思想活跃、思维灵动。课堂并非一定要达到完美，但最基本应追求教师和学生都在教室的状态，建立一种师生互动的双向交流和情感体验，可以说，只有教师绘声绘色、神采奕奕、激情飞扬地讲授，学生才能认真思考、主动交流并积极探究。数学教学改革必须让教师的思维先回到课堂，全身心地投入到教学中，学生才会有收获。否则，如果只是纸上谈兵，那么改革也只能走走形式。高职高等数学课程的教学改革需要一个长期坚持和漫长努力的过程，数学教学改革任重而道远，仅靠少数人员和学校的努力是远远不够的，必须得到学校的支持、学生的参与、教师的积极配合以及校际的相互协作。

第三节 基于专业服务的高职高等数学在各专业的应用举例

数学建模就是应用数学知识、数学的方法论，认识现象、理解现象、用数学描述现象并解释现象的过程，它是对现实问题为了某种目的而做出抽象、简单的一种数学结构。将数学建模的思想与方法引入到高职高等数学课堂，能够充分展示数学的应用价值，彰显高等数学的特色，可以使数学教学实现由“实践—理论—再实践”的过程，促进高职高等数学教学与专业实际问题的解决联系起来，达到学以致用的目的，保证高等数学的教学模式与高职院校“工学结合”的人才培养模式相吻合。

在高职高等数学教学中融入数学建模活动、积极尝试案例教学，可以打破原有数学课程的架构与内容体系，创新高职高等数学教学模式，建立高等数学与专业课程及实际问题的广泛联系，让学生亲自发现专业与数学知识的对接点，扩大数学在专业或专业群中的应用，激发学生的学习热情，培养学生的创新精神。

数学建模问题多种多样，建模思路、方法、过程及使用的数学工具不尽相同，发展空间十分广阔，建模活动不追求知识和结果，关注过程的合理和技能的提升，数学建模要经过哪些具体步骤并没有统一的模式，但人们总结出了数学建模的一般过程，具有普遍的指导意义。

从人类社会的历史发展来看，数学与日常生活及生产实际紧密相连，数学可以解决日常生活及大千世界中各种各样的实际问题。另外，科学的数学化、工程技术的数学化以及人文社会科学的数学化都已成为现实。随着现代职业教育体系的建立，数学在高职教育中的地位愈来愈重要，它已渗透并应用到高职的所有专业，可以说，数学的应用无处不在。除了上述所谈案例之外，还有其他专业的许多案例都可通过建立数学模型来解决。例如：机电类专业加工过程的最佳方案设计问题，石油化工专业的石油开采问题、新材料合成问题、节能问题、环境污染治理问题，建筑专业的建筑物的抗震问题，医学专业的糖尿病诊断问题、传染病问题，物流专业的最佳运输路径、最佳装载及最佳仓储问题等。应该看到一切具体现象被数学化的过程就是进行数学建模，通过融数学建模于高职高等数学教学之中，可有效提高学生的应用能力和专业转型能力。

优秀的数学教学，不仅能使学生正确地认识和理解数学，而且还使学生学会如何去掌握和运用数学。开展数学建模活动可以激发高职学生学好高等数学，只有学好高等数学，才能为学生开展数学建模提供支持、创造条件。通过开展数学建模，不仅使学生思维得到锻炼、数学应用意识得到加强，而且使学生能积极主动地运用数学知识分析解决行业、专业及日常生活中的实际问题。

数学建模的过程是一个创新的过程，数学建模不同于数学理论教学，其对实际问题的研究往往并不存在所谓标准答案，随着对问题的深入理解，解决问题将是一个不断创新的过程。让学生去探讨一个非常实际的专业或行业问题，学生会产生浓厚的兴趣，其自主创新的能力将得到很好的发挥和培养。数学建模内容丰富、方法灵活、信息量大，不需要高深的数学理论和太严密的数学推导，非常适合高职学生的特点。因此，融数学建模于高职高等数学教学之中，积极开展案例式教学等数学实践活动，是高职高等数学教学为专业服务的重要举措。

附：案例教学法在高职机电专业高等数学教学中的应用

案例教学法就是为了一定的教学目标，围绕选定的问题，以事实为基础，而编写成的对某一实际情境的客观描述，以此来促进受教者学习的一种方法。教师根据教学目标的需要，结合专业，引入典型案例，将实际问题用数学的思维和方法寻求解决问题的答案，在解决问题的过程中让学生学习相关的数学知识，从而达到教与学的目的，提高教学质量。

一、开展案例教学法的意义

通过案例教学法的应用，为高等数学与专业需求提供了一条有效途径，对提高高等数学教学的效果提供有效的方法，进而达到培养学生分析问题、解决问题和创新能力的目的，提高了学生的综合素质。目前，案例教学法的应用还处在探索阶段，随着高等数学教学改革的不断深化，案例教学法的应用将会越来越广泛与深入。

（一）高职培养目标的要求

高职教育的人才培养目标是培养适应生产、建设、管理、服务第一线的高等技术技能型专门人才。高等职业教育培养高端技能型人才，注重培养学生的实践、应用能力，利用已经发现的规律、定理为经济社会提供直接服务。案例教学法有助于培养学生应用意识，有助于学生可持续发展，有助于学生整体素质的提高，最终实现高职培养目标。

（二）机电专业培养目标的要求

本专业面向机电设备制造及使用企业，培养掌握机械装调、电气装调及机电联调技术，具有机电设备操作、安装调试及维护维修能力，能从事机电设备的操作、安装调试、维护维修、机电产品设计及销售、售后服务等工作，具有良好的职业道德意识、精湛的专业技能和可持续发展的学习与适应能力的德、智、体、美等方面全面发展的高素质技能型专门人才。

根据高职机电专业培养目标的要求，高等数学是机电专业的必修的公共基础课程，主要讲授极限、一元函数微积分、常微分方程、行列式和矩阵等专业所需内容，以“必需、够用”为原则，作为一门素质课和工具课，体现为专业服务的思想。在教学过程中，通过案例教学法，精讲专业典型案例，围绕中心问题分析、讨论、交流，归纳和总结出数学的相关知识，进一步加深对知识的理解与应用，提高学生分析问题、解决问题的能力，提高学生应用数学的能力，使数学更好地为专业服务，培养学生可持续发展能力，适应职业岗位的需求。

（三）高职高等数学教学的需要

在高职高等数学教学中，严重存在着理论和实践分离的现象，高职高等数学教学往往远离专业与生活实际，教学中过多注意运算技巧，忽视了学生的应用能力及创新能力的培养，以至于学生在学过数学知识后，却不会应用，教师的教学设计很少考虑学生的专业需求，因此必须对高等数学在内容、方法和模式上进行改革，而案例教学法是改革教学方法和模式的有效途径。

随着高职高等数学教学改革的不断深入，高等数学教学从原来的过多强调知识的系统性、逻辑的合理性和思维的严谨性，转变为重视高等数学的应用性，注重解决专业和现实生活中的实际问题。数学的应用性已经渗透到工程技术的各个领域，高职院校机电专业课程几乎都离不开运用高等数学知识，采用案例教学法能更好地发挥高等数学在职业教育中的应用价值,发挥数学工具的作用。

二、案例教学法在机电类专业中的实施策略

随着高职课程改革的不断推进，培养适应企业发展和市场需求的技能型人才成为改革的终极目标。

（一）精选案例、发现问题

数学教师针对教学目标、教学内容，结合专业特色，精选案例，如在机电专业高等数学课程教学中，在函数部分，引入电学中几个常用的函数，如单位阶跃函数、简谐波及矩形波等；在导数部分，引入电学中电流强度、电动势等常用的变化率；在导数应用部分，引入最大输出功率的计算，电镀工件所用材料的计算；在积分部分，加入了整流平均值以及功率的计算等；在常微分方程部分，选择 R–L–C 电路作为案例引入常微分方程；在行列式部分，引入支路电流法，利用行列式求支路电流和节点间的电压。将相关专业的数学问题展现在学生面前，让数学案例跟学生的专业联系起来，学生认识到数学与所学专业有着紧密的关系，从而意识到学习数学的重要性。

（二）案例驱动、探究问题

在主题切入时启动案例教学法，提出问题，在主题展开时深化案例教学法。在主题展开时教师可以先认真分析案例，组织学生分组讨论、分析案例、相互启发，找出解决问题的途径，最终得出解决问题的方法，在应用中提高学生分析问题、解决问题的能力。例如，在讲授常微分方程时，选专业相关的案例，

如在回路中有电源伏，电阻欧姆，电感亨利，无初始电流，求电路中的电流。与此相关的问题归结为高等数学中的一阶线性微分方程，要想求出电流，就必须会解一阶线性微分方程，进一步引导学生学习一阶线性微分方程的概念与解法。学生自己就会意识到微分方程的应用价值，继而由被动接受知识转变为主动探索知识。

三、案例教学法运用过程中亟待解决的问题

教师在整个教学环节中的地位发生了根本转变，教师为主导、学生为主体的教学模式成为必然。可以说，项目教学法是师生共同完成项目，共同取得进步的教学方法。在实践教学中，项目教学法有着其独特的优势，应更进一步总结提高，大力试用推广。

（一）教师观念的转变

教育观念是教师行动的指南，教师的教育观念影响其教学行为。数学教师在教育观念上要发生根本性的转变，根据高职技能型人才培养的要求，逐渐形成新的高职教育理念，不能认为数学教师的任务就是传授知识和技能，固守数学理论体系，而忽略应用能力的培养。数学教师必须突破传统的教学方法和教学模式，案例教学法是实现教学方式转变的一种有效途径。案例教学法对数学教师提出了全新的、更高的要求，教师要具备一定的专业知识和学术水平，善于挖掘典型案例，把数学理论蕴含于案例中。为此，数学教师应多方面提升自己，要经常与专业教师和学生进行切磋，探讨和研究，寻求数学与专业的切入点，把专业知识与数学知识有机地融合在一起，打通数学与专业之间的壁垒，架起数学知识与专业知识间的桥梁，发挥数学建模的作用。

（二）建设具有专业特色的案例资源库

案例库资源匮乏，质量不高。虽然我们在教学实践中收集和整理了一些案例，建立了案例资源库，但许多案例陈旧，缺乏典型性和代表性，与学生所学的专业脱轨，不能发挥案例资源库实质性的作用，案例要适时更新，要紧跟时代发展的步伐，要具有新颖性、趣味性和实用性。

第四节 基于专业服务的高职高等数学教学改革的对策与建议

高职高等数学课程教学改革应该是在职业能力基础上的系统开发，它绝不是对现行课程的简单调整与修正，而是积极适应高职教育本质特点、满足高职学生实际需要的教学变革，是对现行高职高等数学课程内容体系和结构框架的重新建构。

一、高职院校高等数学课程标准的调整

高职高等数学课程标准，是指导高职各专业数学教学的纲领性文件。高职高等数学教学改革，首先要做好课程标准的制定与修订，针对高职课时少、内容多、学生基础差的特点，弄清每一个专业所面向的职业岗位标准和能力要求，在实际教学中必须对教学内容进行较大幅度的调整和改造，增加数学建模知识和数学实训内容。在修订课程标准时，要根据学生专业特点，调整数学课程结构体系，用现代信息技术整合教学内容，关注学生素质培育，重视数学思想方法的引入，实现高等数学和相关专业课程及有关内容的有机融合。同时，要注重数学基本知识对专业学习的帮助和促进作用，加强相关知识内容的联系和有机结合，让学生能在较少的学时内学到较多的知识和技能，增强高职高等数学教学的专业服务功能，拓展学生的发展空间，编写出符合高职教育特色的高等数学课程标准。

二、高职院校高等数学课程教材的改革

高职高等数学课程结构上要实现多样化和模块化，内容上要联系实际、专业或专用群，教学方法上要融入现代信息技术手段，教学模式上要提倡理实一

体。多样化是为了针对不同来源和不同层次学生的需要，能满足来自普通高中毕业生的要求，又能满足来自三校学生（职业中专学生、技校学生和职业高中学生）的要求，还能满足目前注册学生的实际需要，有利于成绩好的学生持续发展，也有利于成绩差的学生取得进步。模块化是为了帮助学生有目的地灵活选择，有利于教学组织与教学管理，也有利于教师的教和学生的学。教材内容的重点必须重新进行整合，一是融专业知识于数学教材之中，便于不同专业的学生使用；二是融现代信息技术于教材之中，为学生学习高等数学提供帮助，提倡使用计算机技术整合教材内容。教材编写要符合学生实际，兼顾学生素质培育，精心选择教学案例，体现专业特点，不仅要反映数学的本质，更要体现高等数学的应用性，教材要注意吸收一线教师的优秀案例和成功的教学实践活动。必须对高职高等数学内容做全面的审视和反思，寻求一种既能满足高职教学需要，又能有效提高教学质量、有利于学生学习和发展的可操作性强的高职高等数学新形态教材。

三、高职院校高等数学教学内容体系的优化

当前高职高等数学的教学内容及结构体系，已经不适应高职院校的教学特点和不同专业、专业群对高等数学的要求，需要进行优化和创新。

（一）明确高等数学在高职教育中的基础性地位

明确高等数学课程在高等职业教育中的基础性地位和重要作用，明晰高职院校高等数学课程的目标定位，分析高职学生特点，了解学生实际，搞清高职各专业或专业群对高等数学的要求以及发展趋势，根据经济社会需要，确定高职院校学生的知识、能力与素质结构，以此来确立高职高等数学课程的教学目标。

（二）从学生专业成长角度出发改革课程教学体系

高职教育是以应用能力培养为本位的，高等数学教学要突出应用性，这是由现代高职教育的特点所决定的。高职教育培养的人才素质的高低，很大程度上依赖于数学素质的培养，而数学素质的培养又主要体现在数学教学实践中。

在数学教学中，要处理好知识与能力、素质与应用的关系，在讲授重点数学内容的同时，注意融合专业实际问题，为数学的应用提供内容展示的窗口和延伸发展的渠道，提高学生主动获取现代知识的能力。高等数学课程教学，要努力突破原有课程体系的界限，促进相关课程、相关内容的有机结合和相互渗透，促进不同学科内容的融合，加强对学生应用能力的培养。因此，要从应用的角度或者说从解决实际问题的需要出发，从各专业后续课程的需要和社会发展对高职人才的需求出发，来考虑和确定高职高等数学教学的内容体系。

（三）从培养应用型人才的角度进行教学内容的调整

高职高等数学教学内容，是连接教师的教和学生的学的中介，教学内容的取舍，一是根据学生专业的教学需要，突出课程的实用性、应用性和开放性。实用性是指数学教学要培养学生解决实际问题的能力，应用性是指教学内容要从培养应用型人才的角度出发，开放性是指数学教学要从理论延续到实践、从课堂延伸到课外。二是重视数学概念教学，通过专业案例或解决实际问题的过程，引入概念，借助现代信息技术手段，构建概念的解释，强调数学概念的几何意义与物理背景，加强数学应用教学。三是淡化烦琐的数学计算，提倡使用数学教学软件处理计算问题。建立数学内容与专业及专业群的广泛对接。四是加强对数学理性的理解和思考，降低理论性较强的教学内容，突出数学思想方法、数学意识和数学精神的教学，增加数学建模和数学实训内容，激发学生的学习兴趣，提高学生分析和解决实际问题的能力。

四、高职院校高等数学课程教学模式的创新

高职高等数学课程要以学生的应用能力培养为中心，建立数学与专业及专业群的有机融合，将专业知识融入数学教学，应用数学知识解决专业问题，从实践中来，到实践中去，促进数学课程教学模式的不断创新。高等数学与高职专业的融合度越高，越有利于培养学生的数学思维和数学应用能力。

（一）因材施教，构建多层次多模块教学模式

因材施教是教育教学的基本原则，是指教师要从学生的实际出发，有的放

矢地开展教育教学活动。高职院校招收的是参加高考的最后一批录取学生，学生综合素质不高，数学基础较差，学习的积极性不高，学习动力不足。面对这个实际，数学教学的重点就应放在提升学生的数学素养上，放在高职高等数学课程为学生专业服务上，发展学生的数学应用意识，提升学生的综合能力。在实际教学中，我们应整合教材内容，根据不同的专业设置不同的教学模块，使学生在有限的时间内掌握专业学习必需的高等数学知识。

根据因材施教原则和目前高职高等数学教学的缺陷，我们把高等数学课程划分为三个模块，即基础模块、专业模块和提高模块。基础模块的设定是为了保证学生的文化教育、提升学生的文化素养，满足各专业对高等数学的基本要求，它是高等数学最基本的内容。通过学生的学习，学生的数学素养得到提高，基本的数学运算能力得到加强，学生明确了数学在专业领域的简单应用，也初步具备了应用数学知识分析解决问题的能力。专业模块设定由数学教师和专业课教师一起协商确定，针对不同专业的实际需要设置不同的专业模块，强调高等数学的实用性，讲授内容主要是数学在专业上的应用，让学生感到“数学来源于生活、数学就在身边”。这一模块的授课方式可采用理论联系实际，运用数学建模或数学实训来完成，这种教学模式，促进了学生思维方式的转变，提高了学生的应用意识和创新能力。提高模块的设定是为学有余力或专业对数学有一定要求的学生确定的，这一模块中主要是学习高职院校未讲授的数学内容或介绍一些现代数学思想方法、数学在不同专业的应用案例等内容，为学生继续深造和可持续发展提供支持。

（二）理实一体，融数学建模活动于数学教学之中

理实一体是现代职业教育教学发展的趋势，是突出学生技能训练的有效手段。它倡导学生在实践中发现知识、获得知识、检验知识，可以突破以往理论与实践教学相脱节的现象，教学环节相对集中。通过设定教学目标或具体的教学任务，让师生双方积极参与其中，强调在教师的引导下，突出学生的主体作用，师生通过“教、学、做”与“思考、沟通、实践”，全程构建素质与技能培养的平台，丰富高等数学的教学内容，提高课程教学效果和教学质量。

在高等数学教学中融入数学建模内容，将数学建模从竞赛场引入到高职高等数学课堂，积极开展理实一体化教学。一方面，提高了数学教师的实践能力及理论水平，培养了一支高素质高技能的高等数学教学团队。另一方面，数学教师将理论知识融于实践教学中，让学生在学中做、做中学，在教练融合、学练结合中理解分析问题、学习知识、掌握技能，通过构建数学模型，建立高等数学与专业的广泛联系，打破了教师和学生的界限，教师在学生中，学生在教师间，这种教学模式大大激发了学生的学习热情，增强了学生的学习兴趣，学生边学边做，边想边练，边思考边总结，达到了事半功倍的教学效果。

五、高职院校高等数学课程评价体系的重建

教学评价是以教学目标为依据，运用可操作的科学手段对教学活动的过程和结果做出的价值判断。它是教学活动不可缺少的一个基本环节，贯穿于教学活动的每一个环节，通过同步反馈及时地提供改进教学的有效信息。教学评价过程更强调以学生为中心，将完整的有个性的人作为评价的对象，从学生的内心需要和实际状况出发，更多地采取个体参照评价法，使评价成为课堂动态生成资源的重要手段，通过评价促进教师的教、改进学生的学。

通过高职高等数学学习评价，研究高等数学教学进程，总结教学经验教训，通过学生学习的信息反馈，一方面，了解学生学的情况；另一方面，了解教师教的水平，发现问题、反思问题并及时做出调整。要建立评价目标多元、评价方法多样、评价形式丰富的高职高等数学课程评价体系。既要关注学生的课程学习效果，又要关注学生的学习过程；既要关注学生的数学素质培育，又要关注学生数学应用能力的培养提高；既关注学习好的学生持续发展，又要关心学习差的学生取得进步，帮助学生认识自我，学会反思，建立自信，启迪思路，开阔视野，发展学生的数学应用意识和创新精神。

六、高职院校高等数学课程教学方法与手段的改革

教学方法要为学生学习知识、掌握技能、提高能力创造条件，教学方法表现为“教师教的方法、学生学的方法、教书的方法和育人的方法，以及师生交

流信息、相互作用的方式”。教无定法，贵在得法。各种具体的教学方法具有自身的规律，没有一种万能的教学方法适合所有教学内容，也没有一个高等数学内容的教授仅使用一种教学方法。教师要根据学生实际、教学内容的特点以及教学条件等，灵活选择教学方法。教学方法与手段的改革是为了追求教学过程的最优化和教学效果的最大化。

（一）运用灵活的教学方法与手段激发学生学习热情

高等数学教学只有把课堂还给学生，把发展的主动权交给学生，学生才能积极参与其中，发挥其主动性，从而达到较好的学习效果。

1. 建立融洽的师生关系

学生对高职高等数学课程的学习兴趣，来源于学生对任课教师的喜好，一个受学生厌烦的教师肯定引不起学生的学习兴趣。尤其对于高职学生来说，教师更要做到平易近人，主动接近学生，关注学生，了解学生，听取学生心声，解答学生疑惑，在学习、生活、思想上关心学生、帮助学生，引导学生认识自我、树立自信、努力学习，同时，要关注差生取得的进步，促进学生的个性发展和对未来人生的规划。目前，绝大多数高职高等数学教师，仍然按照传统的数学教学模式开展高等数学教学，满堂灌现象依然存在，一些教师在教学中过于死板、机械，完全按照书本进行讲授，语言不够生动，只重视数学知识的讲授，不重视学生数学思想方法的建立，更少关注高等数学在各专业的应用。为此，必须改变这一现状，加强数学教师的业务学习，调整专业知识结构，注意数学问题引入的专业背景，重视问题意识，言传身教，精讲多练，将复杂问题简单化，使学生学会分析解决实际问题，树立学好数学的信心和决心。

2. 倡导积极主动勇于探索

数学课堂教学过程就是教师引导学生开展数学活动的过程。数学活动不是简单地将数学知识通过教师的传授“复制”给学生，而是学生在已有知识和现实经验的基础上，通过自己的观察、实践、尝试及交流等一系列的实践活动，不断地“数学化”和“再创造”的过程。而学生是处于发展过程中的具有主观能动性的人，作为课堂教学不可分割的一部分，带着自己已有的知识、经验、兴趣、灵感、思考参与到教学活动中，因而，教师应使高职高等数学课堂教学精彩纷呈。

数学教学应倡导自主探究、合作交流、阅读自学与动手实践的学习氛围，启迪学生心智，开发学生潜能，培养学生创新精神。同时，在教学活动中，引入数学建模、数学实训、数学探究等学习活动，鼓励学生独立思考、刻苦钻研、勇于质疑、大胆创新，为学生形成积极主动、勇于探索等多样化的学习方式创造了条件。

3. 激发学生的学习热情

高职高等数学教学应结合学生特点和专业实际，加强课程的实践性，使抽象的数学概念、理论和方法具体化，教学内容要结合所学专业和实际生活中的案例，努力为学生提供使所学的数学知识与已有的经验建立内部联系的实践机会，激发学生的学习热情。例如，经管类专业在数列教学中，可引入银行存款及贷款利息的计算问题；在导数的教学中，可介绍经济学中的边际分析函数和弹性分析函数等问题；在微分方程的教学中，可结合讲解价格调整问题以及人口预测模型问题等实例。在畜牧专业在线性规划教学中，可介绍饲料配方问题，在矩阵教学中，可引入农业技术方案的综合评价问题；另外，在极限的教学中，可引入日常生活中的垃圾处理问题，在定积分应用中，可介绍不规则曲边多边形的面积问题、变速直线运动的路程问题等，激发学生学习兴趣，提高学生主动探究问题的意识和能力。

（二）创新与高职教育教学相适应的教学方法

要紧紧围绕高职教育的专业培养目标，以提高学生数学素养为目的，以数学服务于专业为主线，采用课题、模块、实训等方式组织教学，力争达到教学效果的最大化。

1. 提高学生的学习质量和效果

启发式教学是在对传统的注入式教学深刻批判的背景下产生的，是数学教学中最基本的方法之一，其在教学研究和实践中得到了长足的发展。启发式教学的基本程序是“温故导新，提出问题”—“讨论分析，阅读探究”—“交流比较，总结概括”—“练习巩固，反馈强化”。在实际应用中，要积极实施启发式教学，提高学生学习的积极性和主动性，不断提升数学教学质量和效果。

讨论式教学是在教师的精心准备和指导下，为实现一定的教学目标，通过预先的设计与组织，启发学生就特定问题发表自己的见解，以培养学生的独立思考能力和创新精神的一种教学方法。该教学方式的运用不仅要发挥教师的指导作用，而且要兼顾学生的个体差异，引导学生围绕问题展开讨论、分析探究，允许学生发表不同的观点和看法，一些问题可以当堂由教师给出解释，一些问题则可留给学生课后思考完成。

2. 提高学生分析解决问题的能力

问题探究法是指在教学过程中师生精心创造条件，由教师给出问题或由学生提出问题，并以问题为主线，通过师生共同探讨与研究，得出结论，从而使学生获得知识、发展能力的一种教学方法。这种教学方法，在教学中按照提出问题—分析问题—解决问题的思路进行，可以在整节课运用，也可以在教学的一个环节上体现，这种方法学生亲身参与，印象深刻，达到了很好的教学效果。

案例教学法是一种以案例为基础的教学方法，案例本质上是一个精心选择的实际问题，没有特定的解决思路与解决方法，而教师在教学中扮演问题设计者和鼓励者的角色，鼓励学生积极参与、认真思考、分析探究，做出自己的判断及评价，并得出结果。这种教学方法，能够实现教学相长，是一种具有研究性、实践性，并能开阔学生思路，提高学生综合素质和分析解决问题能力的有效教学方法。

3. 教学达到“教为不教”的境界

目标教学法是职业教育教学中一种比较常规的教学方法，它突破了传统的教学模式，通过解决实际问题来实现教学目标，提高了学生学习的积极性和主动性，通过目标教学，学生的动手能力、解决实际问题能力得到明显提高。这种教学方法对学习水平差、自控能力弱的学生很有促进作用。它的特点是教学中确立了理论为实践服务，注重知识的实用性，有的放矢地培养学生，倡导教学过程中师生的双向互动，并以此确保教学目标的实现。

行为导向法是指以一定的教学目标为前提，以学生行为的积极改变为教学的最终目标，通过灵活多样的教学方式和学生自主性的学习实践活动，来塑造学生的多维人格。在教学活动中，适宜采取科学、合理、有效的教学方式和积极主动的学习方法，其教学组织形式可根据学习任务的不同而有所变化，如项目教学、任务驱动、角色扮演等。

4. 提高教学的针对性和实效性

情境教学法是指在教学过程中，教师有目的地将课程的教学内容安排在一个特定的情境场合之中，以引起学生一定的态度体验，从而帮助学生理解教学内容、学习新知识，并使学生的心理机能得到发展的教学方法。情境教学是在对教学内容进一步提炼与加工后教育影响学生的，都是寓具体的教学内容于一定的情境之中，必然存在着潜移默化的暗示作用。这种方法锻炼了学生的临场应变和分析思维能力。

模拟教学法是在教师的指导下，由学生模拟扮演某一角色或在教师创设的一种背景中，把现实中的情境或问题微缩到课堂，并运用一定的技术设备进行模拟演示或展示的一种教学方法。模拟教学的意义在于创设了一种高度仿真的教学环境，构架起理论与实践相结合的桥梁，能够全面提高学生学习的积极性和主动性。

（三）运用现代信息技术手段提高高等数学教学效果

高职高等数学教学运用现代信息技术手段，必将有力地促进高等数学教学内容体系的建立，推进高等数学教学方法与手段的改革，甚至在一定程度上可以创新高等数学教学模式。当信息多媒体技术应用到数学教学以后，教学思想、教学组织、教学过程及教学模式必将发生深刻的变革，从而使数学教学方法更加灵活，教学手段更加先进，教学内容更加丰富，教学效果更加显著。由于教学方法的改变，教学方式必将由“教师、教室和教材”三位一体转到人机对话的方式，既可以有效地实现程序化教学，又可以提高学生学习的兴趣和主动性，体现以学生为主体的教育思想。应用现代信息技术，可以使教师摆脱重复劳动，也能很好地实施因材施教原则，我们要不断增强现代信息技术的“交互性”和

“感染力”，积极探索高职高等数学教学的有效方法与手段。

在高职高等数学教学中，要积极引进计算机辅助教学、开展数学实训和数学建模等活动，不断增强现代信息技术的应用能力和水平，加深学生对所学知识的理解和运用。数学实训把数学教学，从教室扩大到信息技术实训室或是网络化微课堂，拓宽了高职高等数学教学的空间，促进了理实一体化教学的积极开展，激发了学生的学习兴趣，有效利用学生的碎片化时间，打破了时间和空间的限制，增强了学生学习高等数学的积极性和主动性。

数学建模实质上是一种创造性活动，对提高高职院校学生的综合能力很有帮助，对高职院校学生将来参加工作、解决实际问题具有非常重要的作用。例如，每单元学完后，可根据学生专业实际，编排一些简单的、与专业有联系的数学建模问题，鼓励学生通过查阅资料、合作探究，利用现代信息技术手段去完成，从而扩大了学生的知识应用面，提高了学生分析解决问题的能力和创新精神。

高职院校高等数学课程教学改革是一个庞大的系统工程，它涉及方方面面的工作，需要各方面的支持、协作与配合，特别需要高职院校广大数学教师思想的转变、理念的提升和专业知识结构的调整。只要我们遵循现代职业教育的特点和发展规律，紧紧围绕高等职业教育的培养目标，重视高等数学课程的专业服务功能，关注学生综合素质培养，就一定能够取得高职院校高等数学教学改革的胜利。

第四章

迁移理论与互助式教学

现代社会知识激增，科技迅速发展，教育的目标应转向如何提高学生学习的能力。学校教育的价值并不单单在于“授之以鱼”，简单地给学生传授知识和技能，更需要的是“授之以渔”。21 世纪教育的中心是学会学习，这一点可以从联合国教科文组织所提出的“学会学习”看出。学会学习实质是使学生具备一定的迁移能力，能灵活运用所学知识来处理不同情境的问题。因此，学生为迁移而学，教师为迁移而教已成为广大师生的共识。高等数学作为高职院校的一门重要基础学科，在人才培养和教育教学改革中发挥着不可替代的重要作用。针对高职高等数学教学的重要性，笔者研究了目前高职高等数学教学现状，在充分分析高职学生数学学习状况以及当前职教改革的紧迫形势等因素的基础上，提出了高职高等数学互助式教学设计研究的课题。

第一节　迁移理论在高职高等数学教学中的应用研究

在当代的学习论中，迁移理论是其重要的组成部分。在各种不同的学习理论支持下，历史上曾产生过各种不同的迁移理论，传统的迁移理论、现代的迁移理论的体系已较完善，国内研究者在迁移对于教学中的论述也比较详尽。但受某些条件的制约，各方面论述都有一定的局限性。

高等职业技术教育是高等教育的新生力量，其培养目标具有贴近当前社会需要的特性，而且高职院校的生源是特殊的。高职课程中的基础课之一“高等数学”除了传授基础知识外，还能培养学生的数学思想及其他能力。因此在教学过程中以迁移理论为指导，运用恰当的教学方法，充分利用有限的时间，使学生掌握高等数学知识，提高能力，应是高等职业院校数学教师要重视的问题。

一、迁移理论的研究现状及研究意义

美国学者埃德加·富尔在《学会生活》一书中曾指出：“未来的文盲将不再是不识字的人，而是没有学会学习的人。”学校教育不可能将所有知识和技能传授给学生，学会学习实质是使学生具备一定的迁移能力，能灵活运用所学知识来处理不同情境的问题。通过迁移，能使新旧知识形成统一的知识结构。通过迁移，能够使新知识构建在已有知识的基础之上，便于理解和接受。因此，学生为迁移而学，教师为迁移而教已成为广大师生的共识。高等职业教育作为高等教育的新生力量，其中的基础课程之一“高等数学”对培养高职学生的数学思想和各种能力，即逻辑思维能力、空间想象能力、计算能力、分析问题、解决问题的能力和创新思维能力，起着非常重要的作用。由于高职学生生源相对特殊，数学教师如何运用恰当的教学方法，充分运用有限的时间，达到掌握高等数学知识和提高能力以更好地促进迁移，进行有益的探索特别重要。

（一）迁移及迁移理论概述

学习是一个连续的过程，任何学习都是学习者在已有知识经验的基础之上进行的。学习者原有的知识结构、经验、技能和态度对新的学习产生影响，新的知识的学习过程及结果又会对学习者原有的认知结构进行改组，对原有知识经验进行扩充，对原有技能进行强化。这种新旧学习的相互影响就是学习的迁移。准确地说，一种学习对另一种学习的影响叫作学习迁移。迁移不仅发生在知识和动作技能的学习中，同样也发生在思维方法、学习态度和情感方面。学校教育中，迁移主要涉及认知领域，即集中在陈述性知识、自动化基本技能以及认知策略三方面。

依据迁移的效果，可以将迁移分为正迁移和负迁移。正迁移是一种学习对另一种学习产生积极影响和促进作用。例如在高等数学中，学习了二元函数有助于学习多元函数， 学习了平面上求轨迹的方法有助于学习空间求轨迹的方法。负迁移是一种学习对另一种学习有消极影响和阻碍作用。例如学生在学习无穷大量与无穷小量时习惯地将它们看成很大的数或很小的数。依据迁移发生的方向，可以将迁移分为顺向迁移和逆向迁移。顺向迁移指先前学习对后续学习的影响。如数学课上学习乘法口诀有助于学习多位数乘法。逆向迁移指后续学习对先前学习的影响。如原有知识技能不够稳固或存在缺陷，不足以解决问题，学生对原有知识进行改组或修正，从而解决了问题，并巩固加强了原有知识，这种迁移是逆向迁移。例如学习了高等数学之后，学生对初等数学的一些问题认识会更加深刻。

迁移理论的提出由来已久，无论在国内还是在国外，无论是早期的学习心理、学习思想还是目前认知心理学的学习理论，都有关于迁移的论述及应用。在当代的学习论中，迁移理论是其重要的组成部分。每当有新的学习理论问世，新的迁移理论便应运而生。在各种不同的学习理论支持下，历史上曾产生过各种不同的学习迁移理论。

传统的迁移理论主要包括形式训练说、相同要素说、概括说、关系转换说及定势说。

形式训练说认为迁移要经过“形式训练”的过程才能产生，迁移通过对组成心智的各种官能的情境中的刺激相似训练，提高注意力、记忆力、推理力和想象力等。

19世纪末20世纪初，桑代克等在实验的基础上提出相同要素说。该学说认为当两种情境中的刺激相似而且其反应也相似时，迁移才会发生，一个情境与另一个情境中相同要素越多，迁移量越大。

概括说是心理学家贾德经过实验提出来的。他认为两种学习活动之间存在共同成分，仅是产生学习迁移的外在影响因素，是产生迁移的必要条件，但不是像桑代克等人认为的是迁移产生的决定性条件。产生学习迁移的真正关键是学习者能够概括出两种学习之间的共同原理。后来赫蒂里克森等人进一步指出，概括不是一个自动的过程，它与教学方法有着密不可分的关系，如果教学方法上注意如何概括、如何思维，就会增加正迁移的可能性。概括说是相同要素说的发展，揭示了产生学习迁移的外在原因是学习间的共同要素，学习迁移产生的内在因素是学习者对两种学习的概括作用。

关系转换学说强调顿悟是迁移的一个决定性因素。认为迁移不是由于两个学习情境具有共同成分、原则或规则而产生的，而是由于学习者突然发现两个学习经验之间存在关系的结果。

1949年哈洛做了著名的猴子实验，发表论文《学习定势的形成》，提出迁移的定势说。定势说认为由易到难地安排学习任务时，学习者容易完成学习任务。在简单任务的学习情境中，学习者通过训练形成学习定势，这种定势容易迁移到复杂任务的学习情境中。

这些学说都依据各种试验对产生迁移的原因提出不同的观点，有其合理性，也具有一定的片面性。这主要是由于当时的学习理论还局限于用动物学习和人的机械学习的规律来解释有意义学习和高级学习。但我们从中能够发现：学习迁移与学习者的概括思维密切相关。

随着认知科学与信息加工学习理论的产生与发展，学习迁移中的认知问题越来越受到重视。因此现代的迁移理论普遍认为：学生的认知结构是有意义学习的关键因素。

现代迁移理论主要包括认知结构迁移理论、产生式迁移理论、类比迁移理论、建构主义迁移理论和元认知迁移理论。

奥苏贝尔的认知结构迁移理论对迁移做了新的解释：其一，迁移不是孤立在两个课题A、B之间产生，先前学习的不只是A，还包括过去的经验，是累积获得的，按一定层次组织的，适合当前学习任务的知识体系。其二，在有意义的学习与迁移中，过去经验的特征，不是指前后两个学习课题在刺激和反应方面的相似程度，而是指学生在一定知识领域内的认知结构的组织特征，诸如清晰性、稳定性、概括性、包容性等。在学习课题A时所得到的最新经验，并不是直接同课题B的刺激—反应成分发生相互作用，而只是由于它影响原有的认知结构的相关特征，从而间接影响新的学习或迁移。其三，迁移的效果主要不是派生类学习情境，而是指提高了相关类属学习、总结学习和并列学习的能力。由此可以看出，无论在接受学习或解决问题中，凡是已形成的认知结构影响新的认知功能的地方都存在着迁移。

迁移的产生式理论由安德森提出。这一理论用于解释程序性知识即基本技能的迁移。其基本思想是：先后两项技能学习产生迁移的原因是两项技能之间形成了重叠。重叠越多，迁移量越大。

类比迁移理论研究主要有三种理论：结构映射理论、实用图式理论、示例理论。当人们遇到一个新问题（靶问题），往往想起一个过去已知的相似问题（源问题），并运用源问题的解决方法和程序去解决靶问题，这一问题解决策略被称为类比迁移。

建构主义迁移理论特别强调知识学习的情境化。认为教学应让学生在各种实际情境中从多角度反复地应用知识，进一步深化对知识的理解，进一步促进迁移的产生。

元认知迁移理论也称为元认知策略迁移理论，该理论强调：认知策略和元认知在学习和问题解决中具有重要作用。认知策略的成功迁移问题解决者能够确定新问题的要求，选择已获得的适应于新问题的特殊或一般技能，并能在解决新问题时监控他们的应用。

（二）迁移理论的研究现状

从传统的迁移理论概述可以看出，迁移研究是逐步发展的。各种理论之间的差异也许是表面的，而不是本质的，他们都仅仅强调了迁移的一个侧面。

共同要素说强调的是客观刺激之间有无共同的要素存在，认为学习的迁移取决于两种情境所具有的共同要素。概括化迁移理论强调的是主体对已有知识经验的概括，认为学习的迁移在于个体的概括能力或水平。关系转换说强调主体越能觉察事物之间的联系，概括化的可能就越大。定势说强调学习方法的迁移。

随着认知心理学的发展，对学习迁移的研究也集中到知识学习上来，认知心理学更注重认知结构在学习迁移中的作用。如著名的有美国的心理学家布鲁纳和奥苏贝尔。

布鲁纳认为迁移现象分为特殊迁移（具体知识和技能的迁移）和一般迁移（原理和态度的迁移）。他认为：学习的关键问题是在头脑中形成良好的认知结构，知识的学习是在原有知识经验的基础上进行理解和建构的。因此，教师要将所教知识以最佳的顺序呈现给学生，帮助学生建构本学科的最佳知识结构，掌握该学科的基本概念和原理，有助于学生实现学习迁移。

奥苏贝尔有意义学习认为设计适当的“先行组织者”来影响认知结构变量。

现代的迁移理论强调学生的认知结构与迁移的关系，重视认知结构变量在迁移中的作用。

实际上，现有的理论都有其适应的条件和范围，他们都只能解释某一特定范围内的学习迁移现象，例如认知结构迁移理论只适用于揭示陈述性知识的迁移，产生式迁移理论适用于解释程序性知识的迁移，而元认知迁移理论可以合理解释策略性知识的迁移。

目前国内的研究者也将迁移理论与数学教学合并在一起进行研究。在中学数学中，有许多运用教育心理学的迁移规律进行迁移教学的实例。例如雷伟华在《浅谈迁移规律在数学教学中的应用》一文中提出了正迁移在数学教学中的积极作用以及如何促进正迁移的产生，抑制负迁移的作用和发生，该文章还提出了相应的措施和注意事项。喻平在《数学问题解决中的实证研究论述》当中针对数学中的解题提到解题迁移和类比迁移。朱华伟、张景中在《论述数学教学中的迁移》一文里阐述了运用类比促进迁移的途径，并指出迁移理论能够优化数学知识结构。

综观传统、现代迁移理论，主要是从心理学专业的角度阐述迁移的形成机制，影响因素或形成条件进行较为深入的研究，为培养学生的迁移能力提供了可能。但较多的是反映在日常生活中的迁移现象或学习中一般学习心理的迁移，如关于记忆的迁移等。国内研究者在迁移对于教学中的论述方面也较详尽，比较多的是：其一，沿袭教育心理学的学习迁移规律，这种做法在教学中缺乏与数学学科的有机结合，容易侧重于知识而影响学生在迁移活动中所体现的能力的培养。其二，从数学学科的特点出发，在进行迁移教学时强调教材内容的设置，在教学中缺乏对培养学生迁移能力的把握，使得迁移教学流于经验型的教学。但不管是心理学专业的角度还是国内研究者对迁移在教学中的论述，对于指导实际教学都有极大的作用。

实际上，对促进学习迁移的策略探讨是一个永无止境，高度开放的过程。特别的作为高等教育的新生力量——高等职业教育的相关课程与迁移理论结合得很少。因此，针对高等职业教育中的公共基础课程之一高等数学的特点及高职学生的特点，将迁移理论的有关知识运用于教学之中，揭示出利于实现迁移的教学方法，尤其是提出在高职高等数学教学和学习过程中运用“知识点结构图”的方法，将更有利于学生掌握知识，提高迁移能力。在这一问题的研究中，应立足教育、教学实践的需求，深入分析影响高职学生学习迁移的各种因素，重点关注促进学生学习迁移，防止出现负迁移的策略研究，为实践领域中的高职高等数学教师提供有效教学设计的重要参考，为促进学生的学习和发展服务。

（三）迁移理论的研究意义

在当今知识激增的时代，大学生不可能在学校里学会全部的知识和技能，他们希望学校里的学习能够对以后工作中的学习产生积极的影响。迁移的意义不仅在于它能给学习者带来事半功倍的学习效率，而且能够充分发挥教学的有效作用。

1. 理论意义

学习迁移的研究是整个学习理论研究中的一个不可缺少的重要组成部分，它对回答学习内容、学习过程的影响、学习过程的内在联系等问题有重要的启示和帮助。

建构主义认为，学习过程不是简单的信息输入、存贮和提取，而是新旧知识或经验之间的相互作用过程。也就是说，在建构新知识的过程中，学生不仅需要从头脑中提取与新知识一致的知识经验作为同化新知识的固定点，而且要关注到已有的与当前知识不一致的经验，通过调整来解决新旧知识间的冲突。另外，学习不仅是新的知识经验的获得，还意味着对既有知识经验的改造。行为主义与认知心理学派的折中主义者加以提出的累积学习模式，称为学习的八层次理论。包括：信号学习、刺激—反应学习、动作连锁、言语联想、辨别学习、概念学习、规则学习及问题解决或高级规则学习。其基本观点是：学习任何一种新知识技能，都是以已经获得的、从属于它们的知识技能为基础的。学生心理发展的过程，主要是各种能力的获得过程和累积过程。实质上，迁移是累积学习模式的重要特征，是这个模式得以存在的关键。

由此，学生如何把学习的内容迁移到新的情境中去，是教育学家和心理学家关心的课题。对高职高等数学教学中的迁移进行研究将有助于我们揭示学习规律，更好地认识迁移理论，进一步丰富学习理论。

2. 实践意义

近年来，素质教育的思想逐渐深入人心，教学不再只强调传授知识，而是注意学生知识、能力、素质的综合协调发展。在数学教学中，要尽力培养学生类比的能力、分析的能力、归纳的能力、抽象的能力、准确计算及“应用”数学的能力。培养学生良好的科学态度和创新精神，合理地提出新思想、新概念、新方法及从多角度探寻解决问题的道路的素养。

科学技术的快速发展，对人才的综合素质要求越来越高。一方面，科技的发展，要求学生必须学会学习，有较强的自学能力和终身学习的观念，否则将被淘汰；另一方面，复合性的知识结构，才能使学生具有整合科学知识，进行科技创新的能力，并能提高学生的分析、解决问题能力，组织管理能力。

数学教学的目标归根到底是为了实现有效的正迁移。即通过某种途径将新的学习或问题纳入原有的认知结构，使知识在新的问题情境中产生正迁移。作为高等教育的重要组成部分——高等职业教育，其培养目标归结为：所培养的人才是高层次的技术、技能型人才。他们工作在生产的第一线或施工的现场，他们的工作是将成熟的技术和理论规范转变为实践，解决在转变过程中的各种实际问题。高等职业教育的培养目标既然是培养生产第一线的实用型、技术型人才，那么其教育思想则必然是：以培养能力为基础，注重理论与职业技能的有机结合。即以“能力本位”为原则，这与普通高等教育“学科本位”的原则有着根本的区别。高等职业技术学院最主要的目的是为国家和地方经济发展培养适应生产、建设、管理、服务第一线需要的应用型高素质技能型人才。在高职高等数学教学中，增强学生运用迁移的意识，提高他们的迁移能力，对于以后从事的工作将会产生积极影响。心理学家研究发现，迁移的产生与教师的教法密切相关。有效的教学方法不仅传授给学生知识，更重要的是交给学生学习的方法，培养学生的分析能力和概括能力。

二、对高职高等数学教学运用迁移理论的若干思考

虽然有学习就有学习的迁移，但它不是自动发生的，而是有条件的，受到一些因素的影响。迁移理论的研究包含了对迁移影响因素的探索。陈琦、刘儒德在《当代教育心理学》一书中指出，影响迁移的因素主要有两个方面：一方面是个人因素，包括智力、年龄、认知结构、学习的心向和定势；另一方面是客观因素，包括学习材料的特性、学习情况的相似性等。姚梅林在《学习的规律》一书中指出，影响迁移的因素有：某些方面的相似性，包括学习材料的相似性、学习目标和学习过程的相似性等；认知结构的清晰性、稳定性、概括性、经验概括水平；学习的心向与定势；年龄、智力、态度。

（一）高职高等数学的内容及特点

在高职教育中，数学教育起着非常重要的作用。它不仅传授给学生基础知识，更为重要的是培养学生的数学思想和各种能力：逻辑思维能力、空间想象

能力、计算能力、分析问题解决问题的能力和创新思维能力。

高职高等数学的主要内容包括：一元函数微积分、常微分方程、线性代数及概率与统计等。事实上，高职高等数学作为一门成熟的课程，包含了数学中最基本的核心概念、原理和基本方法，是许多后继课程的基础。这门课程无论在学习对象还是思想方法方面，对比初等数学都是一个质的飞跃。其抽象性和逻辑性使相当一部分高职生经过大半个学期的学习后仍无法入门，学生只是学到了各种题目的具体解法，并没有掌握数学方法和数学思维，真正解决问题的水平并没有得到提高。

高职高等数学的特点主要体现在以下几个方面：

1. 高度的抽象性

高等数学的大量概念有着良好的物理背景或几何背景，比如函数的导数、微分、定积分、二重积分，都是抽象的产物。线性代数中线性相关、线性无关、矩阵的秩等概念，空间解析几何中空间曲面、空间曲线等非常抽象。高等数学的抽象中只留下了量的关系和空间形式，而舍弃了其他，这使学生学习过程中难以理解，很容易出现困惑。因此，在教学中要研究概念的认识过程的特点和规律性。

2. 严密的逻辑性

数学的特点之一就是逻辑性，高等数学在逻辑性方面表现尤其突出。在高职高等数学理论的归纳和整理中，无论是概念和表述，还是判断和推理，都要运用逻辑的规则，遵循思维的规律。例如空间解析几何部分有关直线与平面的平行与垂直关系问题，是建立在直线的方向向量与平面的法向量的垂直与平行的基础之上，而向量的垂直与平行又可借助于向量的内积与外积来判断，因此这一部分充分体现了高等数学的逻辑性。实际上，高职高等数学不仅能够培养人的计算能力，而且还能给人以科学的严密的逻辑思维和辩证思维的训练。

3. 应用的广泛性和丰富性

高职院校高等数学课程具有广泛的应用性，具体体现在：高职高等数学的许多内容与所学的专业是广泛联系的，例如：机电类专业中质量非均匀分布细杆的线密度、变速圆周运动的角速度、非恒定电流的电流强度等变化率问题与函数微分知识密切相关。掌握了定积分的概念及运算，就可以用来计算曲线的弧长、不规则图形的面积、不规则立体的体积，用它来刻画和计算变速直线运动的路程，变力做的功。管理类专业中，产品产量的增长率、成本的下降率，产品的需求弹性等经济量可用函数的导数来刻画、总产量，总成本可以用定积分的知识来解决。

教学必须注意培养学生如下两方面的能力：一是要培养学生用数学原理和方法消化吸收工程概念及工程原理的能力，广义上说就是消化吸收专业知识的能力；二是要培养学生用数学原理和方法借助于计算机及数学软件包解决实际问题的能力。实现前者，必须注重贯彻掌握概念“以应用为目的，必需、够用为度”的教学原则。

由于高职高等数学具有上述特点，在高职高等数学教学中运用迁移理论有利于对知识的理解，有利于培养抽象思维。比如在微积分部分，多元函数的定义、极限、连续、导数教学中，可与一元函数的相应概念作类比进行迁移，级数教学时可与广义积分作类比进行迁移，空间解析几何中，直线、平面可与解析几何中的点、线作类比进行迁移。通过新旧知识的类比迁移，把新概念的教学过程变成学生利用已有知识获取新知识的再创新过程。另外，一元函数的微积分和多元函数的微积分在数学思想和做题技巧等方面都有很大的相似性，对比着一元函数的微积分学学习多元函数的微积分学，就可以起到事半功倍的效果。

（二）高职学生的特点

高职教育作为高等教育的重要组成部分，因其培养目标具有贴近当前社会需求的特性而日益受到重视。但高职学生与中职学生、普通高等学校的大学生相比，有着独特的特点，主要表现在以下几个方面。

1. 年龄智力特点

高职生年龄上为 18—22 岁，由于年龄的增长和十多年的系统学习，他们的注意集中能力得到相当的锻炼，机械记忆能力已达到高峰，智力达到成熟时期，进入顶峰，心理上的交往欲与自闭常常抗衡，求知欲与识别力不成正比，理想与现实往往不一致。除了具有较为丰富的知识积累外，还具备了一定的理解和分析能力，同时在创造力方面已经具备了抽象思维的能力，在创造力方面跃跃欲试，个体的自我意识更加强烈。

2. 生源特点

高职生源主要由普高生、单招生（来自职业中学、技工学校、中等职业学校等）组成。随着本科院校的扩招，大量优秀生源被本科院校录取，高职生源质量不高而且严重参差不齐。表现为：有相当部分中学阶段的基础不扎实，学习习惯不良，缺乏自信心，学习动力、意志力、自我控制力、刻苦钻研精神明显不足。

3. 学习与就业的关系特点

由于高职教育培养的学生是为生产第一线服务的，这就决定了高职毕业生在就业走向上具有基层性的特点。因此，高职教育培养的人才知识结构是具有社会职业岗位所要求的基础知识、专业知识和相关理论知识。

4. 在数学认知结构方面的特点

关于认知结构的认识并不统一。刘斌在《数学认知结构及其建构》一文中提出横向认知结构。既包含处于最低层次的数学概念、定理、公式，又包含处于中间层次的数学方法论和数学观。何小亚在《建构良好的数学认知结构的教学策略》中提出良好认知结构的特征：一是有足够多的观念，二是具备稳定灵活的产生式，三是层次分明的观念网络系统，四是一定的问题解决策略的观念。另外，还有学者从系统论的观点将数学认知结构分为三个层次：数学知识经验系统、数学认知操作系统和数学元认知系统。数学认知结构是指学生在数学学习中对数学概念的网络化联系，数学命题之间的关系、数学技能的操作系统以及数学思想方法加以个人组织和构建的头脑中的数学知识结构。高职生在数学认知结构方面主要表现为如下几个方面。

（1）认知结构中的内容相对贫乏

高职学生认知结构的内容相对较少，其特征表现为：习惯于识记数学知识的内容，不具有深究数学知识的意识；习惯于识记数学知识的常规表征形式，仅仅记住了一些题目的解题模式，但对其应用的条件重视不够；对书本的一些重要结论的学习缺少敏感度；缺乏对概念、命题本质的深刻认识；缺乏灵活的解题策略；对解题容易出错之处没有足够的警惕性，对数学学习中需要注意的地方缺乏明确的认识。

（2）认知结构的内容是零散的

高职学生在数学学习中，理不清知识层次，形不成知识网络，虽然能将一些数学知识储存在长时记忆中，但却做不到在解决问题的过程中有效提取数学知识，知识的关联密度与程度不够高。

（3）提取认知结构中的内容不太灵活，在提取数学知识时有僵滞性

总体来说，高职生在提取数学认知结构的知识时有僵滞性，不能在原有的认知结构中为新内容寻找固着点。在解决不熟悉的问题时易桎梏于思维定式。高职生在数学学习中缺乏对知识的深入思考和加工，对于知识的理解往往停留于满足听懂老师的授课内容，头脑中的知识仅仅经过浅层加工，在解决熟悉的数学问题时，常常照搬熟悉的解法，而在解决不熟悉的数学问题时，往往一筹莫展。

（4）在利用旧知识学习新知识方面能力较低

旧知识对新知识的负迁移也往往不可避免。高职学生在数学学习过程中，不是不能够利用旧知识学习新知识，而是不能有效地避免旧知识对新知识的负迁移，更不必说通过新知识的学习深化对旧知识的理解。

5. 高职生的数学思维特点

高职学生的思维从以形式思维为主向以辩证思维为主过渡，思维上的独立性与固执性经常交叉，主要表现在以下几个方面：

其一，在常规性思维发展的同时，创造性思维也在迅速发展。高职学生的发散思维（创造性思维的主要形式）已有一定程度的发展，但个体差异较大。

其二，在思维能力高度发展的同时，形成了对思维的元认知。表现为：能直接思考自己的认知活动；对自己的认知和情绪充满兴趣；大学生不仅懂得规则的内容及意义，而且能够更好地调节、控制自己的思维活动。

其三，上课内容听得懂，课后碰到理论问题却不知该从何处想，怎样想。高职生数学思维困难的主要现象之一是上课内容听得懂，课后碰到理论问题却不知该从何处想，怎样想。对于这种现象，不少老师泛于表面的认识是：或认为学生没下功夫，素质不行，或认为是课程难惹的祸。实际上这是由于认识对象的抽象（高等数学知识的抽象性）带来了其理性认识的模式再认（迁移）的困难。

其四，大部分同学思维缺乏条理、层次，呈现明显的散乱、跳跃和模糊特征。面对有一定难度的理论演绎问题，除了极少部分同学能进行比较合理的探索性思维以外，大部分同学都会陷入思维的窘境。大部分同学能对问题展开一些思考，他们的脑海也能闪现一些相关的概念、信息、命题和方法，但思维缺乏条理、层次，呈现明显的散乱、跳跃和模糊特征。有时，他们的脑子里会跳出某种想法，但不知如何判断这种想法的合理与否，更不知怎样将这种想法定性、明晰、稳定，转化为一种有望的解题思路。学得较差的同学，思维大都呈现一种僵化状态。

其五，逆向思维能力欠佳。逆向思维是相对于习惯性思维的另一种思维方式，其基本特点是从已有思路的相反方向思考问题。在高等数学教学中它是指在研究问题或解题过程中采用与习惯思维方式相反的一种思维方式。高职学生在学习高等数学的过程中，由于多是采用习惯性思维，因此遇到需要从相反方向考虑问题时，提取知识的灵活性较差。实际上，若适当地注意从考察的问题的相反方向或否定方向进行逆向思维，就能在探索中，从对立统一中把握数学知识的内在联系，澄清对某些数学概念的模糊认识，开辟新的解题途径，避免繁杂的计算，使问题简化并得以顺利解决。

三、迁移理论在高职高等数学教学中的应用探索

从对影响高职学生数学迁移的因素及高职学生认知结构、数学思维特点的分析可以看出，在数学教学中采用合理有效的教学策略，对促进学生的正迁移有重要的意义。通过对迁移理论的学习及结合教学实践，首次提出借助概念图建立知识点结构图的方式，以便更有效地迁移。

（一）在高职高等数学教学中促进学习正迁移的教学策略

1. 借助概念图建立“知识点结构图”模型

概念图是 Joseph D.Novak 根据奥苏贝尔的认知同化学习理论提出的。它是用来组织与表征知识的工具，是将有关某一主题不同级别的概念置于方框或圆圈中，再以各种连线将相关的概念连接，形成关于该主题的概念网络。概念图由三部分组成：节点、连线、连接词语。节点表示概念，连线表示两个概念之间的意义联系，并用箭头符号指示方向，连接词语是用来标注连线的，描述两个概念间的关系。其中要说明的是：对于数学概念来说，可以以较宽泛的意义来看待概念图，允许以数学式、图形、命题等作为节点来表征知识。

借助于概念图，在高职高等数学教学中建立起“知识点结构图”的方法。所谓“知识点结构图”，是指如下形式：知识点在具有层次关系的树状结构基础上，加入知识点的一些联系，构成以一个树状结构为基础的网状结构。

通过建立“知识点结构图”，能使教材中的所有知识点在学生头脑中形成完整的知识体系，并增强原有认知结构的包容性、稳定性，符合迁移理论的观点。这体现在以下方面：

（1）可以促进教学知识的联系与系统化

新旧知识的相互作用是理解数学知识的关键，新旧知识往往是相互依赖、相互影响的。新旧知识之间的转换有一个联结点。它们的相互作用往往围绕着联结点进行，并将新旧知识联系在一起，学生学习知识就是要了解所学知识的内部联系。判断学生是否理解了所学知识，就要看他是否将所学知识纳入一定的知识体系中，进而形成网络在大脑中储存备用。高等数学教学中，一方面指导学生从纵向整理知识结构，培养学生自觉地整理与总结所学知识的习惯，让他们按自己的体会将数学知识纵向地串联起来。另一方面，指导学生从横向整理知识结构。整理横向知识结构就是把分散在各个单元的教学内容，密切相关或解决同一类问题的各种知识与方法加以系统整理，将不同章节的数学知识横向贯通起来，使学生在纵横交错中学习数学，理解数学知识。

（2）进行知识间的比较

教学中多进行知识间的比较，引导学生不断梳理所学知识间的关系，使学生认识到单个知识的正确理解无疑是需要的，但要形成比较的学习习惯。在相互联系中学习和理解数学知识之间的关系无疑更具重要性。

（3）加强数学知识结构的概括

数学知识结构的概括是指对数学知识间的内在联系做出概括，数学学习的实质是把外在的数学知识结构经过学生积极的思维活动，转化为他们头脑内部的数学知识结构，在这个思维活动中，概括扮演重要角色。通过建立“知识点结构图”，揭示数学知识间的内在联系，使数学知识结构形成网状分布，从而使每个知识点都不是孤立的，而是与其他知识紧密相连。概括后的数学知识结构更加有序、精练，易于巩固和掌握，便于记忆和迁移，有利于促进形成性能良好的认知结构。

2. 利用类比促进迁移

在高等数学教学中，通过类比把新的学习或问题纳入原有的认知结构，促进知识的迁移。高等数学中的类比主要包括数式与图形类比、离散与连续类比、低维与高维类比。

（1）通过数式与图形类比

“数”与“形”是数学研究中的两个主要研究对象，也是反映数学问题的两个侧面，它们既是对立又是统一的。“数”与“形”结合，相互类比、相互迁移、相互转化是数学学习与研究中广泛运用的方法。

（2）通过离散与连续类比

离散与连续间并没有不可逾越的鸿沟，作为数学概念，它们相互对立、相互渗透，在一定条件下可以相互转化。在高等数学中，数列实质是一类特殊的函数。因此数列极限与函数极限的教学可通过离散与连续的类比进行教学。函数极限的许多性质与数列极限是相应的，它们不仅有类似的结论，而且有类似的证明方法，通过类比，实现旧知与新知的迁移。

（3）通过低维与高维类比

在高职高等数学教学内容中，低维与高维的类比主要体现在：少元与多元类比、直线与平面类比、平面与空间类比。例如：运用类比的方法由一元函数极限的四则运算法则猜测出二元函数极限的四则运算法则，由闭区间上的一元连续函数的性质类比出有界闭区域上的二元连续函数的性质，由定积分的性质类比出二重积分的性质，由定积分的换元法类比出二重积分的换元法。通过上述类比，将原有“低维”的知识、技能、方法向“高维”迁移。

3. 强化归纳与概括的能力训练

智能的核心是思维，其基本的特征是概括。一个学生的智能如何，思维的发展处在一个什么样的水平是以其概括水平为标志的。从数学学习的过程看，无论是数学知识的形成、数学知识的应用，还是在研究知识的来龙去脉的过程中经验的积累，都离不开概括。综观《高等数学》课本中的很多数学概念，它们的定义大多采用“展示实例—抽取本质属性—推广到一切同类事物”的方式给出。例如：在介绍定积分的概念时，我们引入了求曲边梯形的面积问题，变速直线运动的路程问题，虽然实际意义不同，前者是几何量，后者是物理量，但是它们都决定于一个函数及其自变量的变化区间，且计算这些量的方法与步骤都是相同的，即抛开这些问题的具体意义，抓住它们在数量关系上共同的本质与特征加以概括，就抽象出了定积分的定义。归纳定积分的思想方法是“分割、近似、求和、取极限”，而这种思想方法又是学生今后学习二重积分、三重积分、曲线和曲面积分的一致方法。教学中应充分展现这类定义的概括过程，以便学生在教师的引导下对感知的材料进行准确的加工和提炼，对本质属性进行恰当的综合，进而形成概念。同时在指导学生做作业练习和复习记忆中培养概括能力。教学生解题，一方面是检验学生对所学知识的理解、掌握程度，另一方面更重要的是达到举一反三、触类旁通的目的。而要达到这个目的，化归思想的教学显得异常关键。化归思想是非常重要的数学思想方法，它有两个方面的含义——转化和归一，两者是相辅相成的。化归思想包括：化繁为简、化难为易、化未知为已知、化陌生为熟悉等。对于解题过程而言，化归思想无处不在。抓好化归思想的教学，对提高学生的概括能力，实现知识技能的广泛而有效的迁移有着非常重要的作用。

4. 合理安排教学内容

根据认知结构的迁移观，在已有学习基础上形成的知识结构的特征是影响新学习的关键，教学中，要充分利用教学材料中的内在联系。对缺乏内在联系的内容，可以用“先行组织者”策略。认知心理学认为，人们关于某学科的知识在头脑中组成一个有层次的结构，最具包摄性的观念处于这个层次结构的顶点，它下面是越来越分化的命题概念和具体知识。所以，为提高学生迁移的意识，呈现的顺序也是个非常关键的因素。

当人们接触一个完全不熟悉的知识领域时，从已知的、较一般的整体中分化细节，要比从已知的细节中概括整体容易一些。根据人们认识新事物的自然顺序，内容的呈现也应遵循由整体到细节的顺序。因此，在日常教学中经常是先解释原理，接着给出几个应用该原理且复杂程度逐渐增加的内容问题，然后让学生进行练习。这样的顺序安排有助于学生对原理的理解和学习。

5. 加强数学学习策略训练

数学学习策略可以被定义为学生用以提高效率的一切活动。许多学生的数学学习难以迁移，往往是由于数学学习策略的缺陷造成的。学习策略，要解决的就是“鱼”和“渔”的关系，“鱼”好比知识，而“渔”好比学习知识的方法。教给学生解题策略就是要教给学生解题的一般方法，通过调控获得最优方法，这是传授知识和教给学生学习策略的本质区别。

（二）在高职高等数学概念教学中应用迁移理论的措施

从现代认识心理学的角度看，数学概念的学习是数学概念认知结构的建立、扩大或重新组合，数学知识是以概念为前提，通过演绎、归纳，形成数学，而学生的认知结构又是从所接受的知识结构转化而来的。概念学习一般分两种基本形式：概念形成与概念同化。概念形成是指人们对同类事物用若干不同例子进行感知、分析、比较和抽象，以归纳的方式概括出这类事物的本质属性而获得概念。概念同化是指以原有的数学认知结构为依据，将新概念进行加工，通过新旧概念的相互作用，新概念被纳入原有的认知结构中。两者都需要经过以下几个过程：找出本质属性、区别原有的有关概念、明确概念的内涵和外延、重组认知结构。

高职高等数学概念的特点：高职高等数学概念是比较直接抽象的产物。对刚入学的高职学生来说，与初等数学的主要不同之处在于出现在他们面前的是全新的概念与方法。高等数学的概念基本上是以运动的面貌出现、是动态的产物。因此学生在开始接触微积分概念时很容易出现困惑。极限、无穷小等概念令他们难以理解。线性代数中相似的概念、相近的公式和数学式子、类似的方法（实质不同）容易使学生混淆。因而，我们在教学中要研究高等数学概念的认识过程的特点和规律性，根据学生的认识能力发展的规律来选择适当的教学形式。

1. 加强模式教学

高等数学中很多概念有着良好的物理背景或几何背景，如导数、定积分、微分方程等。概念模型是指与数学概念相关的客观事物或模型以及与数学概念相邻的已知概念。在概念教学中要结合学生的实际水平和年龄特点，选择恰当的概念模型，引导学生有目的地去观察感知概念模型的属性，通过概括、归纳概念模型关于数和形的本质属性实现迁移，把表象知识理性化，使形象思维升华为抽象思维。在定积分的教学中，一方面利用分割、求和、取极限的数学思想分析问题，进行推延、形成积分方法的模型，另一方面运用该模型解决实际问题。例如：求平面区域的面积、平面薄片的质量、空间立体的体积等。

2. 重视感性材料的概括与提炼

高等数学中有很多概念、定理和规则，这些都是抽象与概括的结果。课堂上教师不仅要向学生传授这些知识，更要向他们传授这种抽象、概括的思维方法，让学生学会从具体内容中抽象概括，找出事物的本质。由于大一学生的数学知识通常简单、具体和贫乏，思维抽象程度低，所以结合他们已有的数学经验，用具体实例循序渐进地讲解概念形成过程，不仅有助于他们归纳概括出本质属性，而且还能激发他们学习数学的兴趣和热情，在无形中培养他们的数学能力。

3. 以核心概念为中心促进迁移

高等数学中的概念往往不是孤立的，厘清概念间的联系，既能促进新概念的自然进入，也有助于接近已学过概念的本质及整个概念体系的建立。学生对概念的理解，不仅要正确地分出同类事物的本质属性和它们之间的本质关系，而且还要把它们融入原认知结构，只有学生了解了某个概念与其他概念的相互关系及这个概念在优化后的认知结构中所占的位置时，学生才能真正地把概念理解透彻，才能灵活地迁移应用。另外，根据同化理论，认知结构中是否有适当的、起固定作用的概念可以利用，是决定新的学习与保持的重要因素。布鲁纳提出，为了促进迁移，教材中那种具有较高概括性、包摄性和强有力的解释效应的基本概念和原理，应放在教材的中心。在高等数学教学中，教师应启发学生找出这样的基本概念和原理，掌握知识内在结构的相互联系，这样既可简化知识，又可灵活运用知识和产生新知识。要善于引导学生学会系统加工整理概念的方法，把有关概念串成锁链，编成网络，配以图示，纵横联系，使学生主动获得一个个有认知序的概念组块，从整体中看部分，从部分中看整体。

4. 用类推引入概念

在数学教学中，引入某些概念，运用类推法能使学生迅速把握新概念的特征和属性，而且在形成概念时，运用类推有助于学生的思维活动积极化。因为学生一旦发现新概念同过去已知概念类似，就容易产生推测这些概念特征的相同之处的倾向。因此，对于具有相似关系的概念，要引导学生运用类推的方法，分析概念的相似属性，把其相似的属性进行迁移，抽象出新概念的本质特征。再引导学生把数学概念最显著、最基本的本质属性，用尽可能简短、精练的语言表达出来，对数学概念进行定义。

（三）在高职高等数学思想方法教学中应用迁移理论的措施

数学思想方法是以数学内容为载体，源于数学知识，又高于数学知识的一种策略性知识，比一般的数学知识具有更高的抽象和概括水平。数学思想方法不仅是数学活的灵魂，还是连接数学知识和数学能力的纽带和桥梁。因此数学思想方法是数学研究，发现和发展规律的科学概括，从而成为数学创造的源泉和发展的基础。美国心理学家通过实验证明“学习迁移的发生有一个先决条件，就是学生需掌握原理，形成类比，才能迁移到具体的类似学习中”。学生学习了数学思想方法就有利于学习迁移，特别是原理和态度的迁移，这就为学生自觉运用数学思想方法去研究和解决问题提供了内在动力和指导思想。因此，数学思想方法有利于数学学习迁移是被广泛认可的事实。

在高职高等数学教学中，应淡化严格的数学论证，强化几何说明，重视直观、形象的理解。高职高等数学是思想的宝库，数形结合思想、分类讨论思想、函数方程思想、极限思想、化归思想、归纳思想等，蕴含丰富。因此，在高等数学教学中，一方面使学生掌握基础的数学知识，另一方面让学生体会蕴含在知识中的思想方法是教师应力求体现的。一般说来，数学思想方法掌握较好的人，常能举一反三，触类旁通地解决数学问题，其实质是解决数学问题的迁移能力得到提高。在高职高等数学教学中，加强数学思想方法的学习是促进知识迁移的重要途径。

1. 加强“数学建模”思想方法的教学

高职高等数学教学的任务是通过教学活动让学生学习、掌握数学的思想、方法和技巧，并能学以致用，即“以能力为本位”的原则。例如用建模方法解决实际问题可培养学生用数学的思想方法去观察、分析周围的事物，用理性的思维方式解决实际问题。把学生从烦琐的数学推导和数学技巧中解脱出来。

数学模型的根本作用在于它将客观原型化繁为简、化难为易，便于人们采用定量的方法去分析和解决实际问题。

2. 积极渗透“极限思想方法”

在高等数学的学习中，利用有限描述无限，从近似过渡到精确的“极限的思想”是高等数学的中心思想。“极限”思想方法揭示了常量与变量、有限与无限、直线与曲线、匀速运动与变速运动等一系列对立统一及矛盾相互转化的辩证关系。是微积分教学的基础，也是微积分解决问题贯穿始终的基本方法。

定积分概念“先化整为零，再积零为整”便是利用“极限”思想解决的，而这种思想贯穿积分学的始终。

3. 帮助学生理解抽象理论知识

心理学研究表明，形象记忆比逻辑记忆效果好。利用直观形象的内容来辅助抽象的理论，效果更好。例如函数连续不能保证可导的结论，虽然课本提供了反例，但有些同学接受起来有些困难，仍是理所当然认为连续必可导，这时通过数形结合，直观分析很有效。

4. 提高学生思维品质与能力

“化归思想”是一种重要的数学思维方法，它是在解决一些数学问题时，利用某种数学变换将之转化为可以解决的问题的一种思考方法。采用化归思想可以将复杂问题转化为简单问题，将抽象问题转化为具体问题，将新知识转化为旧知识。化归思想对解放思想，开阔思路，起到了积极的作用。

高等数学中很多内容体现了化归思想，例如：解线性方程组、常微分方程的求解等。课堂教学中，结合高职学生的特点与数学的要求，积极渗透这一思想方法，以实现知识的迁移。

（四）高职高等数学教学中克服负迁移影响的对策

1. 高职高等数学内容中的负迁移现象分析

负迁移是一种学习对另一种学习有消极影响和阻碍作用。依据迁移发生的方向分为顺向负迁移和逆向负迁移。函数的导数是由差商的极限来定义的，初学者往往根据极限概念向导数概念的这种迁移，把函数极限的四则运算法则迁移为导数的四则运算法则，误以为两个可导函数的和、差、积、商的导数，等于这两个函数导数的和、差、积、商（除数导数不为 0 外）。实际上，这一说法仅对和、差的情形成立，对于积、商是不成立的。这里的迁移是顺向负迁移。在上述例子中，如果由导数的四则运算法则迁移出函数极限的四则运算法则，显然也是不成立的。这里的迁移便是逆向负迁移。

（1）新旧知识存在相同要素导致的负迁移

当新学习的知识和技能与原有的知识和技能之间有相同或相似的地方时，就容易产生迁移，且共同要素越多，就越容易产生迁移。主要有名称相同或类似易产生负迁移以及式子相同或类似易产生负迁移。如行列式与矩阵是两个完全不同的概念，但二者的表面形式相似，且在某种条件下又具有一定的联系，高职学生初学时往往区分不清，导致计算错误。

（2）由概括化产生的负迁移

心理学家认为“迁移的基础是概括”。这是因为在迁移过程中，学生需要依据已有的数学知识、思维方法和经验去识别和理解新的知识。因此，抽象概括是形成概念、掌握知识的关键。

（3）原有认知结构的相对稳定性产生的负迁移

学生在过去长期的数学活动中，容易形成一种习惯的思维倾向，即思维定式。如果思维定式与要解决问题的方法相适应，就容易产生正迁移。但如果学生对概念、公式、定理的实质不能深刻理解，对新旧知识间的联系和区别不能区分清楚，思维定式就易产生负迁移，导致死套公式，张冠李戴的错误发生。

（4）类比思维方法产生的负迁移

类比法就其本质来讲是一种发现的方法，而非严格的推理。它在科学探索过程中走了捷径。学生容易接受和喜欢这种方法，自觉或不自觉地进行各种各样的类比。但是应该让学生知道，类比的可靠性较小，由此得到的结论还要通过逻辑论证的检验。虽然类比有助于学习的正迁移，但类比思维中比较两个类比对象应该求同存异。如“有限”与“无限”具有本质差别，盲目地将有限性不加分析地类比到无限问题中，对学习就会产生负迁移。

2. 高职高等数学教学中克服负迁移影响的对策

让学生扎实地掌握高等数学的基础知识、基本技能，形成良好的认知结构，是防止负迁移促进正迁移的关键所在。教师的任务是让学生获得清晰的概念，掌握性质定理，依据定义、定理进行正确的判断、合乎逻辑的推理，掌握解决问题的方法和技巧。要达到此目的，防止数学概念过度延伸，发挥积极的定式，克服消极的定式（加强对比教学、反例教学），进行变式教学，提高分析判断能力，是防止负迁移的有效途径。

（1）防止数学概念过度延伸

所谓数学概念过度延伸，是指减少数学概念的内涵，因而将其外延进行超越范围的扩大或伸展，或者是限制数学概念的外延，相应增加概念的内涵。研究表明，数学概念的过度延伸具有以下两个特点：一是并不是无限制地任意延伸，数学概念的过度延伸仅发生在与原有概念相关联的一些概念名词与符号之间；二是按数学概念的单一特征进行延伸。实质上，延伸即迁移，数学概念的过度延伸即数学概念学习的负迁移问题。这在学生的学习中虽在所难免，但应是教师在教学中须尽力防止的。在数学概念教学中，重视概念之间的内在联系，注意把个别概念放到概念的相互联系中教学,是纠正学生概念过度延伸的根本。而且只有这样，才有助于学生理解概念的本质特征，才会使学生在一个新的高度上来认识数学概念，准确把握概念的内涵与外延。例如：线性代数中对向量组的线性相关或线性无关概念的理解，可结合齐次线性方程组的平凡解或非平凡解，结合矩阵的秩，结合矩阵的初等行变换等重要概念，从本质上把握这些概念的联系。

（2）发挥积极的定式，提高迁移效果

思维定式是指人们用一种固定了的思路和习惯去考虑问题，表现为人们思维的一种趋向性和专注性。思维定式对于知识迁移的影响具有两面性。在定式作用与人们解决问题的正确思路一致时，会对问题的解决产生促进作用，反之会产生干扰作用。鉴于定式作用的双重性，教师既要培养学生解决类似问题的心向，又要引导学生在遇到用习惯方法难以解决有关问题时积极地思考。高等数学教学中，克服消极的定式可通过加强对比教学、反例教学来进行。

①加强对比教学，防止负迁移。有关概念的共同因素是产生思维定式的前提，学生在学习概念的过程中，由于年龄特征与心理特征的限制，往往容易感知理解有关概念的共同因素，而不易感知理解它们的本质区别，以致容易产生思维定式的消极影响。因此我们通过对比，不仅可以进一步揭示所讲知识的本

质，而且还能有力地体现出揭示区别是防止思维定式消极影响的重要手段。

②运用反例教学，防止负迁移。在教学过程中，学生在教师习惯性程序的影响下容易形成固定的思维模式，即定式。囿于定式会产生墨守成规、机械记忆等负面效应。而反例有鲜明的直观特征，容易引起学生的注意，也易于为学生所接受。因此，反例是消除思维定式作用的有效方法之一。

（3）注意变式教学，提高分析判断能力

由于高职高等数学的概念抽象，理论严谨，而学生的迁移能力不高，这就直接影响和制约学生正确理解和掌握概念和定理，使能力的培养受到影响。变式教学是通过变式训练，特别是对教材中的概念、习题进行变化，训练学生应变能力的教学方法，如：一题多问、多变等。教师通过变式教学，使学生对概念本身的理解、认识、应用将进一步深刻、广泛，学生思路更开阔，思维更灵活。

第二节　基于互助式教学的高职高等数学教学设计研究

国际21世纪教育委员会提出："为了迎接未来的种种挑战，我们必须把教育视为一种取之不尽，用之不竭的宝贵财富，教育在个人与整个社会发展中发挥着根本的作用。"这一教育要求指明，学科教学要完成教育确定的目标，就必须通过有效的教学手段使学生学会认知手段和方法，学会发现问题，学会解决问题，培养终身学习的能力，学会正确面对困难，具备分析、设计和论证解决问题的综合能力，学会与他人友好相处，互助交流，具备研究性学习的能力，学会为了实现共同目标，顾全大局与他人团结互助的精神，学会抓住机遇拓展自己的发展和生存空间，适应环境变化的生存能力。因此，进行互助式教学模式设计研究，可以通过教学活动检验学生个体的学习主观能动性和学习小群体的互助合作性，可以探知互助式教学对学生综合技能培养的影响，考证群体资源在学习互助中的利用情况以及这种教学模式在教学内容选择的要求等，通过全方位的调动，有利于教学、学习的因素为教学服务，进而实现现代人才教育培养目标。

一、高职院校数学教学改革的背景

高职高等数学互助式教学作为一种新的教学方式，是从着眼于全体学生共同学习进步的角度出发，基于小组学习更有利于最大限度实现同伴互助，有利于师生、生生间的多向交流，而建构的教学组织形式。这一教学方式契合新时代教育思想，符合教育发展和人才培养理念，符合高职教育目标要求，符合学生自主学习发展的需要。理想的教学组织形式，源于科学的教学设计。高职高等数学开展互助式教学设计研究的主旨在于对互助式教学方法进行研究，并对这种方法进行系统设计,以此通过改变传统的单向的被动的知识传授组织形式,建构互动、互助、多向的自主探讨交流学习问题模式，突出学生学习的主体地位。高职高等数学开展互助式教学设计有利于师生力量、智慧得到有效整合，有利于人力、信息、教学资源的充分利用，有利于学生在彼此的信任、协作中锻炼成长，有利于大面积提高学生学业成绩，有利于促进和发展学生的情感品质和其他非智力品质，最终有利于学生优良品格综合素质的形成，有利于学生较快成长，更好适应当今社会全面发展的要求。高职高等数学开展互助式教学设计不仅可以丰富职业教育教学思想、改善数学教学方法和教学环境，还可以开辟新的高职高等数学教学组织形式和教学模式，有利于实现提高学生综合素质的教学目的。

（一）高职学生数学学习难的状况亟待扭转

高职在校生数学学习难的状况亟待扭转。近年来，随着国内各高校学生的急剧扩招，高职学生成分也随之发生了巨大变化，由于入学前学生的学习基础、条件不尽一致，进入高职院校以后，在学习期间也就表现出了不同的学习状态——大概有 20% 的学生由于基础太差，入学后表现出根本不想学习、不愿学习；30% 的学生虽然想学习，可也因为基础差，上课听不懂；30% 的学生能够认真听课，也能按时完成作业，但预习和复习的学习主动性不强；只有 20% 的学生能够积极主动学习，进行课前预习或课后复习，并能向教师提出一些有见解的问题。

在学生基础水平参差不齐的情况下，高职高等数学教学如果还继续沿用一视同仁地全员同步推进教学计划、实施教学目标的做法，无疑给高等数学开展优质教学带来很大困难。因此，采取什么样的数学教学方式、方法，扭转当前高职学生数学学习难的状况，让基础相对较差的学生能够顺利完成学业，让基础相对较好的学生尽最大可能汲取更多的新知识，让基础好的学生进一步提高和锻炼各方面能力，是我们高职高等数学教学必须深入研究并认真加以解决的问题。

高职毕业生再学习基础能力亟待提高。近一两年来，高职院校在加强高职毕业学生综合能力培养上，下了很大功夫，做了大量积极有益的教育教学改革实践，已取得了一定的成绩，毕业学生的整体素质有了明显提高，无论是工作能力，还是其他综合素质方面，都有了很大提高，特别是动手能力明显增强，已初步体现出高职教改成果，但在学生就业后再发展学习基础能力培养方面尤显不足，且亟待解决。学生毕业初期运用在校学习积累的知识基本能够适应工作岗位的需要，但随着工作的不断深入、综合技能要求的不断提高，他们再学习能力和创新发展能力不强的问题就突出地表现出来，且已成为高职学生就业后再发展的制约因素。要提高高职毕业生再学习基础能力，帮助学生就业后再发展，高职院校就必须为学生在校受教育期间打好基础，基础学科更应如此。高职高等数学是一门对学生逻辑思维能力、抽象问题想象能力、分析问题能力、解决问题能力乃至再学习能力具有锻炼作用的基础课程，是学生专业知识学习的基础，因此更要重视和加强教学过程中对学生再学习能力、沟通能力、实践能力的培养。为使高职学生毕业后更好地适应社会、工作和再发展需要，在高职高等数学教学活动中，采取行之有效的教学方法、提高学生综合技能、夯实再学习能力基础，是高职高等数学教学义不容辞的责任。

（二）企业对技能型人才的刚性选择日益加剧

当前，党和国家为了深入推进经济社会发展，对职业教育寄予了厚望，把大力发展职业教育作为富民强国的重要战略来实施。特别是随着产业结构的调整和经济建设的不断深入，国家建设、企业发展对技能型人才需求量越来越大，要求越来越高。在如此严酷的现实影响下，高标准、高质量的技能型人才供给不足问题已成为制约经济快速发展的瓶颈因素。时任国际劳工组织亚太局局长黄玉斌指出："中国有世界一流的科技人员，这是许多发展中国家望尘莫及的，但中国的技术工人，在有些方面甚至还不如某些东南亚国家，这是中国经济腾飞的桎梏。"一语道破了当前中国企业对技能型人才需求的紧迫现实。

在这种技能型人才数量、质量供求矛盾凸显的关键时期，以及企业、社会重视人才选择的硬性要求，无疑为高等职业教育学校的发展提供了大好机遇，但同时也对高等职业教育创新人才培养模式以及如何实现以就业为导向、以能力为本位、以学生为中心的人才培养目标提出了更新更高的要求。因此，谁对人才培养问题解决得更好，谁就能在需要发展和供给适应过程中得到长足发展，这已是职教改革发展过程中不争的事实。

（三）高等数学教学肩负的人才培养任务艰巨

高等数学是高职院校的一门重要的基础学科，无论是从提高教学质量上，还是提高学生综合素质和专业技能培养方面，都发挥着不可替代的重要作用。高等数学教学改革的优劣和教学质量的高低，直接关系到学生的未来发展以及职业教育的发展。高职高等数学有效进行教学改革，高质量开展教学，不仅可以为学生学习后继课程和解决实际问题提供必不可少的帮助，而且有助于培养学生的独立思维能力、分析解决问题能力和自学能力，对学生良好学习习惯的养成、思维能力的形成、分析和解决问题能力的提高都是大有益处的。因此，要培养高质量的人才，充分发挥高等数学在高职教育中的作用，除做好高等数学课程建设、实施与教学配套的专业教学改革之外，如何开发和设计更加适用的数学教学新模式，完成高职高等数学教学育人任务，是高职院校数学教授者必须直面的一项重要工作。

（四）职业教育亟待改革的形势紧迫

作为肩负实现高等教育大众化重任的高职院校，要深入贯彻落实《国务院关于大力发展职业教育的决定》，深化职业教育教学改革，就要按照现代高职教育理念不断完善、深化，努力实现“学为所用”，积极推动职业教育教学向信息化、现代化、实用化方向发展。如何对职业教育的办学特色、培养目标和人才职业标准的定位做出相应调整，尽快提高办学质量和办学水平，在激烈的市场竞争中求生存、发展壮大，服务于社会主义现代化建设，培养适应经济社会发展需要的高素质的劳动者和技能型人才，自然是高职教育教学适应社会改革发展的当务之急。

（五）高职高等数学缺乏行之有效的教学设计

一些高职院校的数学教师在数学教学实践中顺应教改的要求，对数学教学设计做了很多有益的尝试和探索，但传统意义上的“备课”称其为“教学设计”的形式或多或少地影响着现代教学设计，束缚了现代教学方式、思维的突破性改变，影响着教学实用性效果的积极发挥。传统意义上的“教学设计”突出以教师的教为本位——学生的学只能围绕教师的教而转,从而使学生只能处于“观众”的席位，丧失了学习过程中学生的自主性和主动性。传统的“教学设计”突出以书本知识为本位——忽视了师生之间、生生之间应有的情感交流。从而使学生只能获得僵化的知识，丧失了学习过程中学生的情感性和发展性。传统的“教学设计”突出以静态教案为本位——学生只能被动适应，从而使教师对教材、教案的认知过程代替了学生对学习内容的认知过程，丧失了学习过程中学生的能动性和创造性。要突破传统教学设计的围栏，形成独具现代教学活动特色和要求的教学设计，改变学生被动接受知识的学习过程，倡导能动自主学习，突出体现学生学习主体地位的现代教学理念，就必须深入进行教学设计改革和尝试，积极探索行之有效的教学设计。高职高等数学进行互助式教学的教学设计研究，正是站在现代教学改革和发展的高度，从探索科学实用的教学设计出发而进行的一项十分必要且意义深远的教学改革实践研究。

（六）传统教学模式存在的弊端

1. 教学过程陈旧

传统教学过程大多只注重强调逻辑的严密性、思维的严谨性，很少考虑到学生知识学习便于理解、掌握、熟记以及专业知识面临实际运用的需要，从而隔离了理论与现实世界的联系，致使很多学生感觉所学的数学知识以后根本用不上，特别是对于数学基础较差的学生而言，由于教学模式呆板僵化，方法、手段简单粗糙，久而久之学生失去了学习数学的兴趣和信心。

2. 教学模式单一

调查研究不难发现，传统的教学主要还是以课堂教学为主，以教师讲授为主。传统教学模式的集中表现是——老师课堂讲授，学生被动听讲。偶尔学生提出个别问题，老师就针对问题进行解答，如果学生不提出质疑性问题，教师就认为学生已经掌握和理解了教学内容和知识，其实这种教学模式有时会掩盖教学、学习真实信息的及时反馈。整个教学过程实际上是以教师的讲授取代学生的自主学习，这样单一的教学模式既不能及时进行“教与学”的双向互动交流，又完全忽视了学生的学习主体地位。

3. 教学方式落后

传统课堂教学的“粉笔加黑板”教学方式仍占主导地位。即使有的教师运用了一定的多媒体手段辅助开展数学教学，但也大多是把书本上的内容照抄照搬到多媒体的硬件设备上，通过简单的投影、复制、放大等模式把教学内容从书本页面转移到投影屏幕上，或者以幻灯片的简单的方式把一些内容展现出来，实际只是变换了一下形式，究其实质仍然是“换汤没换药”，虽然变换新鲜手法能暂时引起学生兴趣，但最终并不能从根本上实现长期、有效地调动和激发学生自主能动学习的积极性。怎样采取有效教学手段，调动学生学习积极性、主动性，实现师生交流互动、教学交流互动，是我们必须深入研究的任务。

4. 学生综合能力培养弱化

作为基础学科的数学在以往的教学过程中，大多只注重追求教学知识的理解和学习，不注重学生实践能力的培养。教学过程只是把理论学习的结果直接呈现给学生，教师和学生根本不对教学知识的实践应用性进行深入思考，使学生的创造力的挖掘、创新精神的培养、自身综合素质的提高都受到了极大的禁锢，不利于学生素质的全面提高。高职高等数学采用互助式教学可以成为提高学生自学能力、互助协作能力和解决问题能力的重要的教学创新手段。

二、高职高等数学互助式教学的理论分析

从目前对学习模式的研究角度观察，我们可以发现由合作学习到互助学习的研究在不断深入，以至“互助合作学习”的研究引起了人们的高度关注，说明有效的、合理的、科学的教学模式和方法是教育同人矢志不渝关注和研究的主题。但目前关于教学方式的研究，无论合作学习还是其他的教学方式，都只是对学习过程中的学习者合作学习方面的研究和关注，而对于如何将学习者互

助性积极因素调动起来转化为自主学习的动力，在高职高等数学教学中具体运用和进行教学设计的研究确实很少。因此，进行高职高等数学互助式教学设计研究是十分必要的。进行高职高等数学互助式教学设计研究，成功的尝试不仅可以探索促进高职教学改革的新路,而且可以为高职高等数学教学模式的丰富、课堂结构的进一步优化起到积极促进作用，还可以为全面提高学生综合技能培养目标的实现提供具有重要研究价值的理论参考。

（一）互助式教学的内涵

“互助”教学是在合作学习理论基础上优化发展而来的一种新型教学组织形式。它与合作学习有着必然的、内在的理论联系，但在具体教学实施过程中也存在着一定的区别和不同。互助教学是依据合作学习理论作为发展和创新的基础，是基于合作学习的基础上对教学效果评价机制以及促进个体学习者间最大限度开展学习互助等方面进行的延续和深化。合作学习通常是以各个小组在达到目标过程中的总体成绩作为评价与奖励的标准，而对于学习者个体的成绩关注不够。互助式教学则是在既注重学习团体成绩评价的同时，又注重个体的成绩的考量，强调的是学习“整体与个体”全员同步推进的评价机制，对于全面衡量教学方式方法、教学组织实施、学习个体和整体学习效果更趋全面、科学合理。采用“互助式”教学组织形式，不仅可以激发每一个学习者个体能动的竞争学习意识，而且有助于为完成集体学习任务促进小组个体的互助合作，容易使个体间自觉互助转化为小组集体学习的向心力和凝聚力，可以最大限度地激发促进小组间的学习竞争意识。因此，“互助”教学实质上是在充分挖掘利用“合作学习”各种有力动机的基础上，突出强调教学效果、强调学习个体之间的自主能动互助，并以此达到全面促进教学活动优化的教学组织新形式，是“合作学习”优势的着力深化和发展。因此，互助式教学是既包含着“教”的师生教学互助过程，又要体现学生互助交流的“学”的状态，应该是“教与学”二者在教学实施过程中的有机组合，是能够体现完美学习状态和最佳教学效果的一种新型教学组织形式。

（二）互助式教学的特征

互助式教学就是以互助学习小组为基础，以培养学生的自主学习、互助能力、合作创新精神为主要目的一种教学组织形式。其核心是“以学生为主体，以学生的自我教育、自我发展为本”。互助式教学强调学习小组的互助、交流、积极参与和学习过程中的高度自觉性、自主性和主动性，系统地利用教学中各动态因素，使教学活动成为师生教学相长和谐发展的载体，促进学习群体中的个体成员的全面发展，以期达到预先设定的教学目标，互助式教学突出体现以下特征。

1. 培养学生良好社会性

互助式教学是一种以培养学生的社会性活动为中介的教学，良好的社会性活动的构建是互助式教学的基本前提和根本保障。没有社会性的组织、交往、交流活动，就不会有真正意义的互助教学学习。因而，相对个体的学习而言，互助式教学活动必须有其特定的社会组织形式（如异质分编活动小组）、社会规则（如全员参与、互助等）、人际关系（平等、民主、尊重、信任等）。互助式教学不能是个体学习的简单累加，小组不能变为传统课堂的缩影，实质性的互助教学必须全员参与，凸显主体，成员必须要有合作者的角色心理，在学习活动过程中，成员的认知、情感和行为必须实现互动、互助。

2. 促进学生思维活跃发展

互助式教学是充分运用社会思维或集体思维的教学。通过思维的相互激发、相互点拨和智慧交融而求得思维发展是互助式教学的基本特征。社会思维学理论认为，人的思维从本质上讲是社会性的，是社会性发生和发展的。群体的学习思维活动能产生一种“社会思维场”，这种“社会思维场”是个体思维的精神环境，制约和影响个体的思维。良好的思维互动可以推动和启发个体思维的活跃，激发集体智慧达到最佳思维状态。

3. 突出表现学生学习主体性

互助式教学不仅要注重提高学生的认知能力，更要着眼于提高学生的主体性、社会性素质，这是互助式教学的基本目标。互助式教学既是一种学习活动，也是一种社会人际交往活动，互助式教学尽管以具体的教学形式和教学成果显现，但是不应仅仅停留于认知层面，要在认知活动中通过认知超越认知，培养健全的人格和社会性品质，真正做到“学会认知，学会合作，学会共存”。

4. 突出实现“自主多向交流互助学习”

让学生“在学习中学会寻求帮助和为别人提供帮助，从而学会在社会中生存”，这是互助式教学模式的核心思想。新课改的教学观强调“教学是教与学的交往、互动，师生双方相互交流、相互沟通、相互启发、相互补充，在这个过程中教师与学生分享彼此的思考、经验和知识，交流彼此的情感、体验与观念，丰富教学内容，求得新的发现，从而达成共识、共享、共进，实现教学相长和共同发展”。在互助式教学活动中教师努力创设适合学习的情境课堂，能够给学生更多地提供互相交流、共同切磋的机会，可以为学生更多地创设相互协作、共同参与的环境，从而使学生更多地体验互相帮助，共同分享快乐。让学生在充满合作机会的个体与群体的交往中，学会沟通，学会互助，学会分享，既能够尊重他人，理解他人，欣赏他人，同时也能使自己更好地得到他人的尊重、理解与欣赏。

（三）互助式教学的典型活动

教学活动是教学组织过程中体现教学设计严密性、有效性、学习活跃程度的重要组织形式，也是教学手段寓于教学实际有机应用的具体体现。科学设计教学典型活动，不仅活化教学组织形式，为教师组织教学起到很好的服务作用和积极有力的帮助，还能极大地调动学生能动学习、积极参与、踊跃思维的积极性，对浓厚课堂教学氛围起到促进作用。因此，设计典型适用的教学活动，可以较好地辅助教学。教学活动的组织形式有很多，我们在进行互助式教学设计时，可以根据互助式教学的特点，设计采用竞争、讨论、互助和问题解决等典型教学活动形式，以此为优化教学学习氛围服务。

1. 竞争

竞争指两个或更多的学习个体参与学习的过程，教师根据学习目标与学习内容，对学习任务进行分解，由不同组别的学习者来完成各自具体的任务，教师根据任务完成情况对学习者、学习小组进行评价。教师对学习者和学习小组的任务完成情况进行评论，其他的小组或学习者可以对其发表意见。小组之间开展竞争性学习有利于激发学生的学习积极性与主动性，有利于小组内部个体力量、智慧的结成，但易造成因竞争而导致组间互助难以进行的结果。因此让学习者明确各自任务完成对保证总目标实现的意义非常重大，即学习者是在竞争与协作中完成学习任务的。竞争一般是在小组间进行。教师在设计竞争典型活动时，要对各小组布置的任务的难易程度和完成任务的能力尽量趋近和基本保持一致，才能充分发挥竞争学习的优势。

2. 讨论

讨论指小组内的成员之间围绕教师给定的任务，首先确定自己对该任务的想法认识，然后在一定的时间内借助图书馆或互联网等渠道查询资料，形成自己的理解、判断、认识，并对解决问题思路和观点进行说明和阐述，组内其他成员发表不同的意见，展开相互讨论，其他不同小组的成员也可以发表见解，然后再经过组内的交流磋商最后形成组内一致认同的意见，最后提交教师，教师认真对他们的观点进行甄别。讨论可在组内进行，也可在组间进行。讨论形式的模式有利于培养学生从不同角度进行发散和集中思维，得出更加全面合理的判断。

3. 互助

互助指多个学习者共同完成某个学习任务，在任务完成过程中，学习个体之间为了共同的目标互相配合、相互帮助、相互促进，或者根据学习任务的性质进行分工合作和互助。不同的学生对学习任务的理解及解决能力不完全一样，可以通过交流、交锋和自主寻求帮助的方式进行。“互助”强调学习个体之间的主动帮助义务，以提高学习小组整体能力和成绩，达到互相补充共同提高的教学目的。同时，也可以通过与老师的交流，在积极的探讨过程中获得有益的启发，使学生学习得到及时的帮助，也可为教师及时修正教学设计组织教学提供信息反馈，从而圆满完成教学任务。

4. 问题解决

该种模式需要首先确定问题，在问题解决过程中，学生需要借助图书馆或互联网等渠道查阅资料，为问题解决提供材料和依据。问题解决的最终成果可以通过成果展示，也可以通过汇报的形式进行。问题解决过程中可以采取竞争、互助、讨论等多种方式。问题解决是互助式教学的一种综合性模式，对于培养学生的各种高级认知活动和问题解决与处理能力具有明显的牵引和促进作用。

三、高职高等数学互助式教学的教学设计过程

教学设计是一个系统化的工程。教学设计的内容一般包括教学目标、教学对象、学情分析、教学内容、教学重点、教学难点、教学反思、教学改进等的设计。本教学设计主要包括学习者分析、教学目标、教学内容、教学媒体、教学流程的设计。

（一）学习者分析

学习者是教学活动的主体，教学设计的一切活动都是为学习者的学服务的。学生既是教学的对象，又是教学活动中学习和自我教育的主体。教学目标的实现，是通过教学对象的学习活动逐步体现出来的。学习者的需要将对学习目标和学习成果产生影响。同样，学习者的特点也将对教学策略和教学活动的选择产生影响。因而教学设计是否与学习者的特征相匹配，决定着教学设计与教学实施是否成功。

教学活动设计者是教学设计与教学实施是否成功的关键因素。在教学活动设计中，设计者最重要的任务就是要以维护者的身份服务于学习者，一切教学设计必须保证教学过程对于学习者的真正有效性。因此，在教学设计中，先要确定学生整体的基本情况和认知水平以及学习能力水平等，也就是对学习者要充分分析，全面了解学生对要学习的任务是否具备了基础水平，已经知道了什么，还需要了解什么，再是了解学生的学习习惯、学习喜好等有关特点的信息，全面分析学生的基本情况，才能选择合适的教学内容，合理设计教学过程，科学运用教学手段等，进而为具体教学过程设计、实施服务。

高职院校的学生有理科生、文科生还有对口生，学生的学习基础不同，接受知识的能力也有很大差别。部分学生学习成绩相对不好，学习能力相对不强，导致缺乏自主学习的自信心，容易形成自卑心理，他们渴望得到认可、鼓励和赞赏，更需要得到他人的理解和尊重。同时，高职院校的学生正处于向成人过渡的关键时期，独立思维、判断问题、解决问题的能力尚未完全形成，对教师的依赖性虽然有所减弱，但并未完全脱离，他们仍然具有较强的求知欲，能够积极主动地探索自己感兴趣的事物。因此，教师在教学活动中应从培养和保护学生积极探索精神的角度出发，为其积极营造出和谐、宽松、自主的学习氛围。

如在“极限定义”一节的互助式教学实践中，我们经过对学生基本知识能力水平进行分析，知道学生虽然已经具备了一些理解抽象数学概念的基础，但是要在此基础上，全面理解和掌握极限定义的全部学习任务还有相当大的难度。为了达到教学目标的要求，使学生顺利学会极限知识，熟练掌握并能运用，在教学设计过程中，引用“割圆术”实例把极限思想与实际生活紧密联系起来，引导学生加深对极限的现实认识，并有针对性地选择和利用多媒体和绘图技术，把抽象的极限理论绘制成直观的图形，进行具体化展示和制作，这样学生很容易理解和学习极限的知识，也很容易达到互助式教学所设计的预期教学效果。

（二）高职高等数学互助式教学目标的设计

教学目标的设计是教学设计的关键部分。明确的教学目标，有利于指明教学工作的方向。通常情况下，教学的一般性目标主要包括：知识目标、能力目标、素质目标等。其中，知识目标：对旧知识的复习和新知识的理解和掌握；能力目标：培养学生互助合作应用能力，进一步培养学生综合分析问题、解决问题的能力；素质目标：激发学生的学习热情，使学生对所学知识形成科学的认识，调动学生的学习积极性，营造宽松、愉快的教学氛围。在进行高职高等数学互助式教学设计时，只注重一般性目标的设计、只关心学生应掌握哪些知识，远不能体现互助式教学的特点和优势，设计高层次的教学预期目标，在教学实践中努力提高学生适应社会的综合素质能力，是互助式教学设计的理想追求。为此，高职高等数学互助式教学的设计预期目标是：

1. 提高学生个体的互助意识和能力

在高职高等数学教学目标设计时，要注重小组成员集体成功意识的培养，力求互助学习的整体性发挥。在教学活动中要始终强调小组成功需要每一个小组成员的努力，每个人都要为自己所在小组的其他同伴学习负责。如在互助式教学中的“成果汇报”教学环节，小组代表汇报本组的任务完成情况，组内其他成员及时进行补充,完善汇报成果的过程以及完成教师布置的预设任务过程，小组成员在完成本应担负的任务的同时,主动帮助其他同学解决遇到的困难等，都是提高互助学习意识能力的具体体现。小组内每一个成员都为共同承担的任务积极努力、互相帮助，只有这样，才能保证教学任务、学习任务的完成。

2. 提高学生个人责任意识

社会心理学的研究表明，群体活动中如果成员没有明确的责任，就容易出现成员不参与群体活动、逃避工作的“责任扩散”现象。因此，在高职高等数学互助教学过程中，强化个人责任意识是非常重要的。要求小组成员每一个人都要清楚小组的成功取决于所有组员个人的努力，必须尽职尽责，都要承担一定的任务，要分工明确、责任到人，不能“搭便车”，这样才能保证互助教学的顺利进行。如在“极限的定义”互助式教学过程中，在分组绘制上传“函数图象”时，要求小组根据本组学生制图、网络技术、数学技能等方面各自具备的优势，进行任务分配，侧重分工，并要求积极互助保证任务完成，目的就是强化小组个人责任意识的培养。

3. 提高学生社交技能

人际交往技巧是互助学习过程中不可忽视的重要因素。互助学习小组的每一成员必须进行两方面的学习：其一是学习有关的作业任务；其二是参与小组学习必备的处理人际关系的技巧。为了学生在小组中与其他成员友好而有效地进行互助学习,在传授数学专业知识的同时要注重对学生社交技能的逐渐渗透，如学会彼此认可和相互信任、进行准确的交流、彼此接纳和支持、建设性地解决问题等。并对学生社交技能运用能力给予及时关注和鼓励，学生在教师的有意识关注下社交技巧才会提高，学生从互助教学中获得的学习成绩就会提高。高职高等数学互助式教学过程中，设计的发言、补充、讨论、自主交流、互助等典型活动形式，设置的网站留言板、BBS论坛、微信互助群等，不仅是知识信息互动交流的平台，也是提高学生社交技能的锻炼平台。

（三）高职高等数学互助式教学内容的设计

在高职高等数学教学中，采用互助式教学的最终目的是最大限度激发学生自主互助性，使所学知识合理消化、吸收、运用。并不是所有的教学内容都适合采用互助式教学，比如有些知识点特别密集的新内容就不适合直接开展互助式教学，而是需要教师进行前期的知识讲解做必要的铺垫，才可以开展互助式教学，而一些特别简单的教学内容，不需要集体探究，学生自主完全可以解决的问题，也不适合采用互助式教学。对于那些在已有知识的基础上，需要进一步探究且具有一定的难度的知识内容，采用互助式教学效果比较好。因此，在进行高职高等数学互助式教学内容设计时，需要注意以下问题：

1. 根据互助式教学目标确定教学内容

高职高等数学互助式教学不只是单纯地让学生掌握知识，还强调在互助交流学习过程中，通过有目的的教学设计实现自主互助交流探索学习，使学生充分体验互助学习过程，享受自主学习乐趣，陶冶学生学习情操，进而提高自主学习的能力、研究问题的能力和互助交流的能力，落实互助式教学的更高层次能力目标。因此，在进行互助式教学前，要在充分考虑教学预期目标充分得到落实的基础上，再进行教学内容选择和确定，才能保证互助式教学的最终效果。

2. 根据学生具备的知识能力确定教学内容

学生已有的知识能力、技能水平是决定是否可以直接开展互助式教学活动的关键性因素。学生具备的知识能力水平，不仅决定着哪些数学内容可以进行互助式教学，还影响着教学内容复杂性和难度的设计。如果选择过于简单的教学内容，设计教学问题进行学习互助，则会出现互助学习过程体验不深刻，长期运用会削弱学生的探究欲望，久之学生丧失学习兴趣。如果选择的教学内容超出了学生已有的基础能力水平，问题太难，学生解决学习问题既耗时，又容易使学生在学习中产生过多的疑惑和困难,将会出现教学活动难以进行的局面，极易挫伤学生的学习积极性和自信心。因此，在高职高等数学互助式教学内容设计时，既要考虑学生已有的知识水平和技能，又要兼顾内容选择的难易程度，才能保证互助式教学活动高效进行。

3. 根据学生的认知发展水平确定教学内容

学生的认知发展水平，是影响教学效果的重要因素。在数学互助式教学中，选择符合学生的认知发展水平的教学内容，才能使学生准确理解和扎实掌握所学知识的真谛，从而更好地为实践运用。选择符合学生认知发展水平的教学内容，才能最大限度地激发学生学习动机和学习兴趣。因此，根据学生认知发展水平选择教学内容，才能提高学生的学习发展能力。

4. 根据教学活动的可操作性确定教学内容

互助式教学研究的教学内容必须在教学活动中具有可操作性，才能使学习内容通过可控的教学活动得到问题答案。教学内容不需要太复杂的条件，具体地说就是学习内容要符合科学，容易被学生学习操作就可以了。

针对上述具体问题以及高职高等数学教学内容的特点，我们把高职高等数学教学内容分为概念型、运算型、应用型三类。其中，概念型的教学内容中的新概念定理定义属于全新的知识，教师应该进行前期的讲解，给学生学习新知识做必要的基础准备，不适合直接采用互助式教学；对于已有前期知识基础的概念型内容，比如无穷小量的性质，因为学生在学习新知识前已对极限的概念、法则等有了前期初步认识，具备了互助式教学的基础，就可以直接展开互助式教学。运算型的教学内容，大部分内容适合采用互助式教学。应用型问题与现实生活联系比较紧密，具有很强的知识学习探究性，特别适合直接展开互助式教学。

（四）高职高等数学互助式教学媒体资源的设计

教学媒体的科学选择与合理使用，不仅可以为学生学习知识提供必要的媒体技术支持，还是保证知识学习便捷性和有效性的重要手段。因此，在进行高职高等数学互助式教学媒体选择与使用设计时，应坚持以下标准进行设计：

1. 教学媒体使用的目标性

教学媒体的合理选择与使用必须以服务学习和完成教学目标为目的。因此，在进行高职高等数学互助式教学活动媒体使用设计过程中，要充分发挥媒体的教学辅助作用，最大限度促进学生学习互动、互助和能动交流，激发学生自主学习的积极性，才能实现互助式教学目标。如我们在高职高等数学互助式教学极限的定义一节的教学活动中，可以针对教学内容比较抽象，学生学习理解困难的情况，有针对性地选择校园教学网站为媒体平台，通过学生绘制图像上传至网站展示成果的过程，把学习内容化繁为简，变抽象为具体，可以突出教学目标，使教学内容便于学生理解和掌握。突出教学媒体使用目标性，可以达到事半功倍的教学效果。

2. 教学媒体使用的便捷性

保证学生知识学习信息的充分获取，是一切教学设计的最终主旨。高职高等数学互助式教学设计和选择教学媒体,目的就是保证学生知识学习索取便捷，实现知识信息资源的有效共享，尽其所能地创造便捷的知识学习途径。因此，针对高职高等数学互助式教学的特点和力求学习过程中充分互动、自觉互助学习氛围的创设与形成，在进行教学媒体选择与设计时，可以为学生指定学习网站，借助校园教学网站媒体组建“学习互助微信群”、设计“留言板”、BBS论坛、博客等形式，为学生自主学习、答疑解惑、互助交流搭建媒体平台。

3. 教学媒体使用的高效性

在进行高职高等数学互助式教学时，科学设计媒体，合理配置媒体资源，突出发挥媒体教学辅助作用，是我们教学设计不可忽视的重要因素。比如，在进行高职高等数学互助式教学时，要使学习资源种类尽可能丰富，我们可以把教学内容相关联的文本、图片、视频等媒体软件，交互使用，随机支持通达教学，这样既可以充分发挥媒体的辅助教学作用，又便于学生从各个侧面不同角度学习同一知识单元，为教学活动创设了较大选择空间。

4. 教学媒体使用的专项性

在进行互助式教学选择教学媒体时，还要充分考虑互助教学对象、教学内容等不同特点，要始终把学生放在学习中心地位，以学生的积极性、主动性得以充分发挥为目的，为学生学习创设有专项所指的媒体使用环境，为学生学习提供教学服务，也是互助式教学设计研究的重要指标。

5. 教学媒体使用的针对性

使用教学媒体辅助开展教学活动是教学活动和设计必不可少的理想选择，但不是任何教学媒体都适合所有的教学活动。因此在进行互助式教学媒体设计和选择使用时，要具体针对教学内容、互助式教学特点、互助教学的特殊性以及不同教学媒体的使用特性，恰当选择教学媒体，合理使用，充分为互助式教学活动服务。比如，对于难度大，计算过程复杂的运算型知识学习，就不宜采用多媒体教学，而适合教师引导，学生参与的黑板板书教学方式。

（五）高职高等数学互助式教学流程的设计

互助式教学是学生在教师引导下的一种特殊的认识活动。有效的教学活动设计，可以促进学生实现问题发现、研究以及问题解决方法的高水平认知。高职高等数学互助式教学活动策略设计应着重强调学生自主互助学习能动性的激发，强调积极主动地发现问题和探索解决问题办法、能力的提高。因此，教学流程设计，力求使每一教学环节都应体现学生学习的自主性、互助性、参与性和探究性。同时还要注意发挥教师的主导作用，真正体现数学教学活动的教育功能。

1. 预设研究性问题

互助式教学设计研究的主旨是教师通过预设研究性问题，引导学生以小组为单位，互助交流，集中小组成员集体智慧形成大家一致认同的解决问题办法的学习过程，从而达到实现自主学习、运用知识解决实际问题的目的。所以预设研究问题是互助式教学设计过程中非常重要的一个教学环节，也是教师驾驭教学设计技术能力的具体体现。教师要在充分掌握学生认知水平的前提下，按照教学设计体现主体性、适度性、互助性和趣味性的设计原则，进行教学目标任务、教学内容确定，预设研究性问题。预设的研究性问题既要保证学生可以运用已具备的一定认知基础知识，又要保证与教学新内容有紧密的内在联系，这样才能很好实现教学任务要求的整体衔接性和学习内容的连贯性。同时，还要在预设问题的难易程度着重考虑,要保证预设研究性问题既要有一定的难度，力求最大限度激发学生自主研究的兴趣，但又要克服预设问题的难度超出学生研究能力的范围，以防止研究问题太深，造成学生形成畏惧研究问题的尴尬心理。该教学环节可以设计讨论、互助等典型活动，提高互助学习氛围，保证预设的研究问题得到解决，顺利完成教学任务。

2. 展开互助学习

互助学习是学生以小组为单位紧紧围绕预设的研究性问题运用已有的知识，在索取相关知识信息的基础上，通过小组成员的共同努力，形成集体学习成果的过程。这一过程是最能体现学生自主、互助研究运用知识解决实际问题的创造性过程。互助性研究学习要始终本着研究性、创造性、主体性、互助性原则进行设计。在互助性学习阶段，教师要指导学生学会初步运用推理、类比的方法研究问题，使学生能主动地或在他人的启发下通过自己查阅文献资料，收集整理信息数据，对数学问题的规律性、实践运用性进行深入探讨和分析，归纳自己思考、判定问题的思路以及收集整理相关素材，通过互助过程集中集体智慧形成自主学习成果，以其在课堂教学实践中检验其知识运用、思维推理、案例筛选论证的正确性，这一过程的设计可以充分体现数学互助式教学过程中学生的主体地位和互助交流的能动性。教师在这一过程中只要给出完成任务要求、资料索取的途径、分析解决问题思路以及指导学生各尽所能合理分配任务即可，不要过多地干预学生的主动思维，留给学生足够的自由思维空间，以培养学生发散思维能力和想象力。该教学环节可以设计任务分工，竞争、讨论等典型活动，刺激和保持学生主动互助、自主研究学习的兴趣和动机，保证学生的各种思维能力的和谐构建和创造性发展。

3. 学习成果汇报

根据既定的教学设计流程，要求每小组指定一位同学汇报本组预设问题完成情况并展示最终成果。这一过程是检验学生运用已有知识意义建构的重要环节，要突出体现科学性、研究性、主体性、互助性原则。学习成果展示的内容包括对问题的思考解决思路、知识原理的运用、学习成果的生成以及学习任务的分工等情况。重点检验学生运用已有知识的正确性，研究问题、分析问题、解决实际问题的能力以及小组互助合作意识、学生积极参与的热情等。教师要适时进行阶段性点评，一方面引导学生积极互动交流思考正确解决问题的方法，另一方面鼓励学生正确面对失败，学会从失败和错误中学习，使学生真正体验互助研究性学习的过程，通过自主研究、互助学习，训练学生的数学实践运用技能，进而提高学生的综合能力，培养学生实事求是的科学态度和价值观。该教学环节可以设计利用讨论、互助、问题解决等典型活动，推动互助交流学习。

4. 阶段性点评

教师进行阶段性点评主要是在教学进行活动中，根据教学活动的特定阶段内学生自主互助学习使用的学习方法，小组组织学习的效果，学生思考研究问题的角度、思路以及学生参与互助交流的积极性和热情，进行课堂阶段性评价。这个阶段性评价的主要作用是检验课堂前半部分的教学设计的进行情况，对学生的积极表现和创造性思维给予充分肯定，对思维方法、研究思路有误的学生及小组给予及时的指正和引导。这个过程的教师阶段性评价的目的是检验全体学生对教学问题研究的情况，以便为后面教学活动的深入展开、修正提供必要的依据。因此，教师评价的时机要选准，过早评价会使准确性受影响，过迟不利于纠正不正确的思维思路。这个阶段的教师评价在保证评价的正确性和及时性的同时，还要讲究方法，注意保护那些方法、思路不正确的学生的学习积极性，并进行及时有效的引导，确保教学活动按照设计的方案顺利进行。可以通过设计讨论等典型活动形式进行该教学环节。

5. 教学效果检测

分析总结、解决问题是教学活动中很重要的策略。互助式学习效果检测就是运用这一原理，采取如拓展性学习训练、问卷调查、课堂观察、提问等教学技术手段，权衡学生个体知识掌握程度、教学方式感受性、自主参与积极性等指标，对互助式教学效果进行综合评估，据此作为修正完善教学设计的依据。在这一过程中要始终本着科学性、客观性、全面性的原则进行设计。在检测互助学习效果的过程中，教师要根据学生学习完成互助式教学过程和最后学生学习的效果进行全面评价。一方面要通过学生拓展性学习训练、课后各组信息反馈等途径检测学生学习知识的掌握情况，另一方面要通过课堂观察学生参与教学活动的状态和个体在小组集体中的作用发挥情况检测学习效果和学习状态。如果实际检测的效果与设计的初衷存在过大差别，教师要及时查找教学环节出现问题的原因，及时进行教学设计修正，确保互助式教学学习整体效果。

6. 教学总结

进行互助式教学评价的过程是检验整个互助式教学组织形式是否合理、教学设计是否科学、教学效果是否明显、教学目的是否实现、教师主导作用、学生主体作用是否得到充分发挥的教学全面检验过程。目的是全方位检验互助式教学设计研究的科学性和合理性。在进行互助式教学评价过程中，要本着科学设计检测衡量指标，客观进行分析判断，认真观察，公正做出评价的原则进行检验。在具体评价实施过程中，要通过合理设置问卷调查指标检测学生对互助学习方式的认可程度，通过观察学生积极参与教学活动的热情检测学生参与互助式教学的积极性，通过观察各个教学学习环节学生个体在组内发挥的作用检测、学生全员参与互助式学习的组织形式设计的合理性，通过组间学习成果、作业完成情况比较检测异质分组的合理性，通过有针对性设置教学考试内容，以考试成绩检测教学知识目标完成和落实情况。通过一系列综合检测手段，对高职高等数学互助式教学设计的教学效果真实性、教学组织形式严谨性、学生学习主体性、教学互助互动性、教学过程设计的科学性做出全面正确的判断和评价，以此作为教师修正教学设计，完善教学手段、方式和教学组织形式的可靠依据，最终形成教学设计研究成果。

各教学案例因教学内容不尽相同，使用的媒体资源也有所差异，比如“教学成果展示”可以借助计算机，也可以使用数学教学网站平台。因此，在具体教学活动中各教学环节可以进行适当调整，以便更好为教学服务。可以通过设计讨论、汇报等典型活动进行该教学环节。

（六）高职高等数学互助式教学的评价设计

著名教育评价学家费尔比姆强调：“评价最重要的意图不是为了证明，而是为了改进”“评价是为决策提供有用信息的过程”。因此，有效的教学设计评价可以及时反馈教学信息，对调整“教与学”的活动起到积极的决策促进作用。科学的教学评价可以更好地根据学生的需求和变化设计教学，可以全面真实客观地检验教学设计效果，可以为及时改进和精简教学策略、调整修正教学设计、开展建构性学习获得持续进步而服务。

高职高等数学互助式教学设计要根据教学活动的目标、任务和过程，围绕学生“自主互助交流学习能力和综合技能的提高”目标，在具体教学活动的各个不同阶段，通过“个人评价与小组评价相结合”“结果评价与过程评价相结合”“外部评价与自我反思评价相结合”的方式，采取诊断性评价、形成性评价和总结性评价对教学效果进行全面评价。

1. 诊断性评价

诊断性评价就是为顺利开展互助式教学和学生学习，在进行教学前首先要对学生个体的基本学习能力、技能以及学生个体的自身基础、家庭背景、入学条件、兴趣爱好、学习习惯等状况进行综合评价和全面分析，这是进行互助式教学实施过程的前期必要基础，也是合理进行教学设计的必要手段。通过有明确目的的观察、问卷调查和师生座谈等形式，全面掌握学生的自身状态以及影响学习的主客观因素和条件，进而为互助式教学设计提供科学的佐证，以此作为确定教学起点、选择教学内容、设计异质分组等设计方案的重要依据。

通过诊断性评价，在提前预知教学对象的基础状态和基本水平的前提下，进行互助式教学设计并付诸计划的实施，可以极大克服教学设计的盲目性，使教学设计更具针对性和科学合理性。在诊断性评价时，观察法——主要是围绕学生的学习状态、主动交流交往能力、动手能力以及语言表达能力等基本条件，通过自然状态下进行观察的形式获得；问卷调查法——主要围绕学生入学前基础条件、兴趣爱好、认知的教学方式等指标设置问卷，通过对教学对象实施问卷结果统计的形式，重点了解学生以往数学教学学习状况，为开展互助式教学的可行性提供基础资料；师生座谈——可以围绕学生的家庭背景、学习习惯、学习方式、兴趣爱好等方面为座谈主题，有针对性地选取部分学生，围绕确定的主题，通过轻松和谐愉悦的交流性、探讨性交谈方式，获得学生的一些相关信息，作为互助式教学设计的参考依据。

例如我们在数学教学时，可以通过设置“毕业于职业高中还是普通高中？高中阶段数学学习和教学授课的主要方式有哪些？”等形式的题目进行问卷调查，全面了解学生大学入学前的数学教学基本方式等信息；围绕“平时主要的课外活动和自己喜欢经常参加的活动，哪种学习方式是容易的也是自己喜欢的？利用和使用电脑主要从事哪些活动？”等类似的主题，有针对性地开展师生座谈，可以获得学生容易接受的与学习紧密相关的信息，以此综合形成诊断性评价，为科学设计互助式教学实施过程提供基础性参考。

2. 形成性评价

形成性评价是进行互助式教学过程中实施的主要教学评价。通过观察学生参与互助学习的状态、回答问题的准确程度、检测知识点的掌握准确度以及独立完成作业和互助完成任务的情况，全面了解教学效果，了解学生学习的情况及互助式教学所存在的问题或缺陷，使教师知道哪些教学目标尚未达到，哪些方面还存在难点，以便及时采取有效措施修正、调整教学设计方案，使所有学生达到教学目标的要求。

采取小组评价与个人评价相结合的形式，在高职高等数学互助式教学评价设计中围绕教学效果评价，以指标量化的形式设置小组学习表现和学生个人学习表现考量指标，通过对设定的相应指标一一量化考核来衡量学习小组整体情况以及小组内个人学习情况，作为互助式教学过程的形成性评价。

通过对自己教学实践的反思和完善，基本达到了教学设计预期的目的，取得了较好的教学效果。通过实践发现互助式教学在一些课程和教学内容中运用是可行的，它的实践运用研究表明开展互助式教学对学生的自主学习能力的提高、互助解决实际问题能力的提高以及学生综合素质的提高都有很大的帮助作用，能够实现教育功能，可以作为教育同行今后进行互助式教学研究的点滴参考。

在高职高等数学互助式教学实验研究教学设计、实践过程中，为达到互助式教学设计的预期目标，我们在严格遵循互助式教学总体设计原则的基础上，针对所选择的教学内容，设计了教学流程，并进行教学实践，最终使教学实验研究与教学实验设计紧密吻合，使教学研究效果完全印证了教学活动设计的初衷，达到了高职高等数学互助式教学研究的预期目的，取得了较好试验研究效果。

第五章

信息化背景下高职高等数学教学具体专业探究

高等数学是高等职业院校工科类专业的公共基础课程，它是学生学习各专业学科知识的工具，同时在培养学生综合素质和能力方面具有重要的作用。作为一门基础性和工具性的学科，高等数学的教学改革越来越受到学校和教师的重视。

第一节 高职计信类专业高等数学教学的改革与实践

加强高职教育课程建设水平是深化教学改革的目标，始终把课程建设作为教学改革和建设的龙头，坚持不懈地按照现代高职教育的理念构建课程体系，有力地推动教学建设，促进职业教育向信息化、数字化、实用化方向发展，是高职教育工作的重中之重。

一、计信类高职教育中的数学教学

高等职业教育中的数学教学的效果如何，直接影响着人才的质量。在传统教学模式下的高等数学教学已不能适应高职教育的需要，改革势在必行。只有明确高职高等数学教育特点，正确认识数学教育功能，调整课程结构，推进教学课程一体化，才能有效地开展高职高等数学教育。

（一）计信类高职高等数学课程设置教学现状

我们结合目前工科高职学校数学教学实际，按照培养目标要求，设计出可行的数学教学模式，由统一的基本要求向目标化、专业化方向发展，以适应职业人才培养需要。目标教学在工科高职高等数学教学的实施研究，就是运用布鲁姆的掌握学习理论，根据培养专业人才的需要，整合数学课程，较好地完成了教学任务，达到了培养学生多方面能力的目标。

数学作为一门自然科学，在经济建设及科学技术中的作用日益受到社会各行各业的重视，数学教育未来的前景应服从于社会的重大变革，传统的数学教育正在向以培养学生素质为宗旨的能力教育转变。高职教育属高等教育，但又不能等同，它是职业技术教育的高等阶段，高职人才的培养应走“实用型”的路子。高职的高等数学教育亦不等同于普通高校的高等数学教育，必须从培养实际出发，在课程设置、教学内容、教学方法及教学手段等方面进行有效的研究和改革，以适应培养目标的需要。

1. 高职院校数学教学现状分析

内容多，学时少。为培养学生的专业技能，教育部要求高职三年制专业的实践教学一般不低于教学活动总学时的 40%，两年制专业的实践教学不低于教学活动总学时的 30%。有些高职院校理论教学与实践教学学时比例接近 1 ∶ 1，这样一来理论教学学时就要相应减少，以理论教学为主要特征的数学教学也不例外。按照教育部颁发的数学基本课时要求，高职工科类专业必修的高等数学课程为 110 学时，内容包括一元函数微积分、常微方程、线性代数、拉普拉斯变换、无穷级数，等等。

重理论，轻应用。数学作为一门基础性科学，有很强的逻辑性和系统性。传统的数学教学几乎是课程知识的传授，比较注重自身各章节的系统性和完整性。数学教学手法单一，过多地强调逻辑的严密性、思维的严谨性，很少涉及专业的需要，忽视概念产生的背景和方法的实际应用，隔离了数学理论与现实世界的联系。很多学生在学完高等数学以后感到数学知识根本用不上。

专业多，分科少。为了跟随时代的脚步，许多学校都开设了当今热门的专业，可谓多而全，全而杂。但是几乎所有的专业都要用到数学知识，有的用得多，有的用得少，有的用某部分内容多，有的用某部分内容少。这种局面造成了学校开课时的困难。

基础差，统一难。学生素质参差不齐，文化水平上、下限相差太大。据调查，某专业近三分之一的学生认为所学内容太难，听课非常吃力，和原来掌握的知识衔接不上，而有五分之一的学生认为所学内容太简单，教学进度慢，对所学内容缺乏积极性，觉得无聊。

2. 高职高等数学课程体系设置中的不足

目前高职高等数学在课程设置体系方面仍沿用本科教育内容，属于“本科压缩型”。本科教育追求知识体系的系统性、完整性和科学性，目标是让学生掌握“是什么”“为什么”；而高等职业教育强调理论知识的综合性、实用性和应用性，目标是使学生知道“做什么”“怎么做”。现在的高职高等数学存在以下几点严重不足：

重经典，轻现代；重连续，轻离散；重分析推导，轻数值计算；重运算技巧，轻数学思想；内容古典，缺乏现代数学的教育教学方法。

过分强调体系的系统性和完整性，缺乏各数学学科间应有的相互渗透与相互联系，不利于培养学生综合运用数学知识的能力。

重深度，轻广度，联系实际的领域不够广泛，对学生应用数学知识解决问题的意识和能力培养不够，尤其缺少利用现代信息手段解决数学问题能力的培养。

课程模式单一，内容陈旧，不能满足不同学科、不同专业对培养目标的多样化要求。

高职高等数学课程内容与科学技术进步相脱节，无法保证高职高等数学教学内容与科学技术同步发展。

这些不足之处，都从不同角度告诉我们，培养目标和教学目标的有机结合多么重要。确立切合实际的教学目标，使数学在培养实用型人才的过程中真正发挥效用，目标教学实施研究正是这一思想的具体尝试。

（二）计信类高职高等数学课程体系设置的趋势

高等职业教育的培养模式必须以职业为基础，以能力为本位，它的目标必须根据不同的职业岗位的具体要求来确定。不能借用或照搬其他高等教育课程模式，而应当以培养技术应用能力为主线，以“应用”为主旨设置课程，构建自己的课程体系，增强实用性和针对性，以“必需、够用”为度，通过讲清基本概念，使之掌握分析问题的思路和方法，进而使“应用”得到强化。

从国际上看，一些发达国家相应层次的技术院校把高等数学课程定位在侧重学生会用相关数学知识和数学方法解决应用中的实际问题，其特点是“广”“浅”，对形成完整的学科体系要求较低。德国的“双元制”课程，国际劳工组织开发的MSE“模块组合式”课程，北美的CBE“能力本位”课程等模式的核心是主张在课程设置上打破传统的学科界限，提倡按职业活动的实际需要重新组合课程，体现以职业为中心，以市场需要为导向，以实践活动为纽带，强调动手能力的培养。为适应高职专业的发展和学生职业能力的培养，在高职教育中以学科体系为中心的数学课程设置和课程体系必须进行改革。改革的方向也必将是“够用”“会用”的原则，这就要求我们所教给学生的内容是学生必须掌握的，经常要用到的，也是学生必须达标的。目标教学恰恰在这方面具有优势，通过目标教学，使绝大部分学生乃至全部学生达到教学目标成为可能。

1. 计信类高职高等数学的模块式建构设想

在这方面诸多业内人士做了相关研究，大致有两种，一种是把高职高等数学分为三个模块：基础模块、专业基础模块、专业发展模块。另一种则较为细化，将学科知识分解为一个个知识点，再按内在的逻辑将知识点整合成独立的知识单元，以学生动手操作活动为重心，根据学生培养方向将相关单元组合成模块，不同的模块有机组合形成不同目标的课程体系。

高职高等数学课程分为：一元函数的微积分、常微分方程、级数、拉普拉斯变换、线性代数、概率论与数理统计、数学实训。

根据各专业需要，在不同的专业类别选择不同的模块进行组合，各模块还可以设子模块或细化为项目。

2. 计信类高职高等数学课程设置应注意的问题

要贯彻“必需、够用”的原则。从掌握必需的文化基础知识、培养基本的科学文化素养和学习专业知识、掌握职业技能两个角度来把握这一原则。数学课程的设置应有利于学生思维能力的培养，应有利于后续专业课程的学习，应有利于学生今后可持续发展。在数学理论学习方面应以“以必需、够用为度”，内容要便于讲解，通俗易懂，减少不必要的理论推导。结合专业讲清楚概念，主要应该加强数学应用的内容，重点是学生把实际问题转化为数学问题的能力的培养，提倡使用数学工具。

二、目标教学在计信类高职高等数学教学中的实施

为了更好地提高高职高等数学的教学效果，要进行改革和创新，必须通过确定一个具体的、明确的、可操作的教学目标来实施教学。

（一）布鲁姆的目标教学理论

1. 目标教学的起源

目标教学理论产生的社会背景是目标管理运动。1954 年，美国管理学家德鲁克（P.F.Drucker）在《管理实践》一书中，运用信息论、系统论、控制论等最新科学成就解决了一系列企业管理的关键问题，目标管理就是其核心内容。这一理论后来被许多国家广泛采用，国际上称为“目标管理运动”。为了适应经济、科技的发展，教育领域也出现了席卷世界的教育目标管理热潮。

20 世纪 80 年代以来，由布鲁姆等人提出的，被称为掌握学习的组织教学方法，引起了我国广大教育工作者的广泛关注，许多地区的教育、教研部门对目标教学这一掌握学习的模式产生了极大的兴趣，纷纷进行相关的实验及推广，并取得了一定的成绩。目标教学理论已影响到教学计划与大纲的设计、考试方案的取舍、教学内容和教学方法的选择等教学的诸多方面。

在我国，目标教学也逐渐成为教学管理的核心内容，它包括以下几个层次。A 级目标：培养社会主义现代化建设所需要的全面发展的人才；B 级目标：各级各类学校的培养目标；C 级目标：学科、学段、学年、学期的教学目标；D 级目标：单元、课题、课时的教学目标。

2. 目标教学的理论体系基本观点

学生观。目标教学的本质特点就是有效地帮助大多数学生实现教学目标。布鲁姆坚信“人人都能学习，人人都能掌握”这一教学信念。布鲁姆指出，世界上任何一个人所能够学会的东西，几乎所有的人也能学会，只要向他们提供了适当的前期和当时的学习条件。

教育观。目标教学的教育观认为，为了适应社会发展的需要，必须使所有的学生都得到最充分的发展。

评价观。教育评价的主要功能是改善学生的学习。它强调诊断性评价和形成性评价，特别是形成性评价。

综上所述，以上观点及其相互联系构成了目标教学的理论体系。

3. 关于目标教学的模式

（1）三个主要变量

布鲁姆分析了影响教学效果的三个变量：

①认知的前提能力（学习的准备）：今后所要学习的前提——基础知识，学习者已经掌握了多少。

②情感的前提特性：学习者参与学习过程的动机、态度作用的程度，它受到学生对学校、学习以及环境等方面态度的制约。此外，还受到以往成功与失败经验的制约。

③教学的质：这主要是指教师能够恰当地根据每个学生的需要和性格对教学内容加以调整，教师能使每一个学习阶段系统化，并为下一个阶段的学习构成适当的准备；教师根据学生的能力提供适当的学习资料等。

（2）组织教学的思路

“掌握”是反映教学效果的核心。为了实现“掌握学习”，布鲁姆提出了一套组织教学的思路：

①任何一门学科的掌握可以用几套主要的目标来下定义，这些目标代表一门学科的教程或单元的目的。

②把材料分成较小的单元组成一套更大的系列，每一个单元都有它自己的目标，这些目标是较大目标的组成部分或者认识是掌握的至关重要的内容。

③鉴定学习材料和选择教学策略。

④每一单元都有简单的诊断性测验，目的是测验学生在学习过程中的进步（形成性评估），并断定每个学生现有的具体问题。

⑤运用测验所获得的材料向学生提供补充性教育，以帮助学生解决问题。

（3）基本要素

目标教学模式是以课堂教学模式为核心的教学体系。掌握目标教学模式主要是掌握它的要素及各个要素之间的关系。它的基本要素有：

①编制教学目标。

②展示教学目标。

③依据内容要点及学生的能力层次安排教学过程。

④利用各种评价手段，获得反馈信息，并采取适当措施加以改进完善。

（4）两个系统

布鲁姆把教学的目标系统和教学过程中的评估反馈系统作为掌握学习的两个主要手段。

①教学目标系统。教学目标既是教的目标，又是学的目标，也是管理的目标。教学的目标一般有两种表述方式：一是文字表述式，二是列表式。无论哪种方式都应注意两点：一是认知、情感和动作技能三个领域相结合，二是知识要点与水平层次相统一。

布鲁姆学派认为，目标分析是教学研究和改革的首要基础。其分析的依据是布鲁姆等人提出的教学目标分类学，它包括三个主要部分——认知领域、情感领域和动作技能领域。

②评价反馈系统。目标教学的教育评价强调诊断性评价和形成性评价，最经常的是形成性评价。

一般认为，形成性评价有三种水平：一是教学进程中的形成性评价；二是以教学单元为单元的形成性评价；三是以学期或学年为单元的形成性评价。

（二）计信类高职高等数学目标教学的实施基础

目标教学是布鲁姆掌握学习理论和我国教学实践相结合的产物，是以掌握学习理论为基础，对教学进行整体改革的一种尝试。

目标教学不只是一种具体的教学方法改革，而是包括教学思想在内的诸多因素作用的整体改革。自 1984 年上海市开始目标教学改革至今，全国已有 25 个省、区、市的中小学进行了较大规模的目标教学改革实践。国家各有关部门、省、市、高校多次组织召开目标教学研讨会。30 年来，目标教学研究取得了丰硕的成果。无论是理论构建，还是教学实践都日趋成熟。

但是，我国对目标教学的研究多数是对中小学进行的，针对高职院校的较少。那么工科高职院校，特别是在基础课——数学课程中实施目标教学是否可行呢？如果可行，又该如何操作？效果会怎样？为此，我们进行了近十年的探索和尝试。

1. 实施目标教学可行性和必要性分析

（1）从职业教育自身特点看

职业教育的全部过程就是为保证学生在毕业前获得从事某项工作的技能及必备的基础知识。因此全部课程应按照如何保障这个目的的实现而设置。每一门课程都有具体的教学目标要求，可见，教学具有明确的目标性，其考试是典型的目标性考试。在这种情况下，实施目标教学体系应该是可行的。

（2）从目标教学理论发展及应用情况看

目标教学体系是在美国著名教育家本杰明·布鲁姆（Benjamin Bloom）的掌握学习策略、教育目标分类学和教育评价理论基础上发展起来的。是一种以教学目标为核心，以反馈校正为手段，以教学评价为保证，多种方法综合使用的，以群体教学和个别教学为形式，使学生都能掌握教学内容的新模式。多年理论研究与教学实践的结果，有力地证明了目标教学的科学性和可操作性，它对教学的巨大促进作用是不容置疑的。

（3）与其他教学方法比较看

为了解决教学中存在的问题，许多教师从各个不同的角度对教学问题进行了大量研究，也取得了许多可喜的成绩。但是，在传统教学思想指导下的教学改革，面对复杂的新形势显得苍白无力。事实告诉我们必须找到一种全新的教学思想，彻底更新教学观念，改进教学方法，使绝大多数学生能达到教学目的的要求。目标教学体系恰好符合这一要求。

（4）从目标教学的性质看

目标教学是属于教学领域的改革，是改革教学过程的实验。其目的是帮助绝大多数学生学好功课，达到教学目标要求，从而提高学生自身素质。其宗旨就是通过改善教学过程来提高教学质量。目标教学是教学常规改革，不需要特殊教学设备和师资条件，不改换教材，不打乱正常教学秩序，只需要更新教学思想，转变教学观念，改善教学过程，强化教学管理，转变教学评价功能。因此，各高职院校都具备实施目标教学的基础条件。

（5）从职业院校整体教学改革的形势看

现阶段，许多职业院校的教学，正在试行推广 CBE 教学模式，即以能力为本位的教育体系。实际上这也是一种目标教学，只不过它的目标是职业能力，评价的标准也是职业能力。按照 CBE 教学模式，有些课程的改革难度很大，应用目标教学则可迎刃而解。数学课如此，一些基础课程、专业基础课程也如此。其实，CBE 的理论根据也是本杰明·布鲁姆的教育理论，两者相通之处甚多，若能相辅相成协调发展，一定会使教学取得巨大成功。

2. 实施目标教学的基本原则

根据工科高职特点和后续专业课的要求，有关专家和任课教师共同研究制定出如下原则：

面向全体学生并使学生得到全面发展。认为影响学生成绩的主要因素是后天环境，确信只要提供有效条件，95% 以上的学生能够达到教学目标要求。偏爱后进生，使每个学生都有所得。

制定详尽的教学总体目标、单元目标、课次目标等，并将这些目标告诉给学生，使学生清楚地知道自己的学习方向，即所要达到的目标。

以集体讲授、个别辅导和自主学习相结合的方式授课。无论采用何种形式，都以能最好保证教学目标的实现为目的。

教法改革和学法改革相统一。在做好教法改革的同时，要注意引导学生改变学法，以适应新的教法。

积极采纳一切行之有效的教学方法。现行的各种教学方法都可以使用，只要是经过设计的，并且是为了保证目标实现有效的就可以使用。有的时候为了加深印象、分解难点，可以采用“滚动式”，由不同侧面由浅入深对一个问题重复讲授；有时候，为使学生产生成就感，则采用“探索式”；有的时候有意地设计错误，从而达到非常效果。

充分发挥形成性评价的诊断功能，及时反馈，适时矫正，实施最佳控制。常规教学重视终结性评价，目标教学更重视形成性评价，并通过形成性评价对整个教学进行调控。形成性评价的施行、反馈、矫正都要及时。达标检测题要有较稳定的常模。

注重师生情感沟通，讲求激励。认为“有效的教学始于准确希望达到的目标”。

培养和发展学生的统摄能力，提高教学效率，为学生赢得更多的时间。如果学生能在最短的时间内达到教学目标，那么就能获得相对充裕的时间进行多方面能力的培养和发展。培养和发展学生的统摄能力至关重要。

3. 目标教学体系的总体研究思路

依据本杰明·布鲁姆的有关教育理论，如《教育目标分类学》，借鉴中小学目标教学的成功经验，如上海青浦区大面积提高教学质量的经验，结合所在学院的实际情况，确立如下研究思路：

第一，确立目标教学的基本指导思想。以本杰明·布鲁姆的掌握学习理论为基础，实现教育观、教学观、学生观、评价观、质量观等教育观念的转变。

第二，确立目标教学的基本原则。

第三，确立实施目标教学的一般操作过程。

第四，对目标层次的划分及教学目标的设立、达标过程的实施、如何编制达标检测题、如何实施达标测量及反馈矫正、目标教学与CBE教学模式的关系等具体问题进行深入研究。

第五，组织同步内容的班级在数学课程上进行对比实验。

第六，总结。

（三）计信类高职高等数学目标教学的实施

1. 目标教学体系研究的概况

随着职业教育的大力发展，学校规模的变化，数学课程也在不断进行调整，但目标教学的宗旨——“通过改善教学过程提高教学质量”是不变的。特别是高职教育中对数学教学的“必需、够用”的要求，课程设置的“模块式”，使目标教学更具优势。课节达标，单元达标的要求更强、更加细化，学生学习的目的性更强，要求学生的达标率最好在100%，而且是完全可能的，只是教师的工作量更大了。

2. 概述实施目标教学的基础工作

（1）目标教学中对学生情况的掌握

教学过程是教师与学生的双向活动，活动中教师与学生之间的情感、心理水平差异是互相影响、互相作用、互相感应的。这种影响在实施目标教学过程中是不得不考虑的。

第一，教师要时常了解学生的心理，时时注意学生的学习状态，运用各种教学手段不断调整其学习状态，使学生始终处于良好的课堂情境中。第二，教师要了解学生的思维能力和知识水平，尽量使授课适应不同层次学生的要求，以便使学生共同实现既定目标。第三，教师应将教学目标明确交代给学生，使学生对所接受的知识有清晰的了解，始终朝着既定目标努力。第四，教学中教师时时注意接收学生学习情况的反馈，不断对教学加以调整，使其处于最佳状态。

（2）目标教学的课前准备工作

为了能很好地在课堂上实施目标教学，切实达到教学效果，应在实施目标教学前组织专家或有经验的教师完成各层次教学目标的划分确定及达标测试题编制两项重要的基础工作。任课教师在用目标教学法教学之前，必须先做好两件事，一是认真学习领会目标教学的总体指导思想和基本操作方法，实现教学思想的转变，也就是要接受目标教学的思想。这一点十分重要，是保证目标教学实施效果的根本条件。二是深刻领会教学目标的内容、层次及各层次之间的关系，精研教材，搞清每个知识点、每个教学目标层次的来龙去脉，思路清晰，统揽全局。对达标测试题所要检测的目的认识明确，对各题之间的关系，表征含义十分清楚。同时，要尽可能多地掌握学生的情况，有针对性地围绕教学目标合理安排每一节课所学内容。教师只有在上课前能对将要进行的全部教学内容融会贯通，才能在讲授过程中承上启下，主导整个教学过程。

（3）目标教学中的教学内容组织

教师应根据教学目标的要求，结合学生的知识水平及课程标准（或教学指导文件）要求，深入挖掘教材的实质，培养各种能力，完成目标任务，对教材进行科学的再加工，即组织教学。

学生知道所要达到的教学目标后，教师要采用不同的方法、手段，调节教材内容，合理安排进程，使其适合学生的学习需要，以便达到目标。教师可以运用学生已学过的知识或学生易接受、理解的方法，有层次地引出新问题，由浅入深，由表及里，水到渠成。学生会有发现问题、解决问题、获得成功的感觉。因此，教学内容须条理清晰，深浅得当。在关键“知识点”处，教师要解析、发掘，使教师的教学思路与学生的努力方向一致。

（4）教学中达标检测题的编制

为了了解学生完成目标程度，巩固所学知识，必须有达标检测这一环节。因此必须有与教学目标相对应的检测题。教师用检测得到学生的信息反馈，掌握学生的学习发展情况，以利于教师调整教学状态，使之始终处于教师的控制之中。学生学得轻松，学得扎实，掌握自己的学习进展情况。

目标教学的基础准备工作是相当繁重、辛苦的，是完成目标教学的第一步。教师对该项工作应有全局意识，充分准备，才能达到预期的效果。

3. 教学目标各认识层次的划分

不同的知识内容层次，不同的专业对同一部分的知识内容，要求达到的程度是不同的。目标中往往以“知道”“了解”“掌握”等词句来体现。但是，如果不加任何解释地去要求对某知识点“掌握”，同一课程的教师会有不尽相同的理解，他们可能都认为各自在向这方面努力，然而事实可能相差很大。而如何确定学生是否已“掌握”，检测标准就更不好把握了。因此，我们必须解决好两个问题，一是要对认知层次深入剖析，重新定义；二是依认知层次将目标用学生的可测行动来测定。

根据布鲁姆的认知领域的目标分类水平层次，我们把要求学生对知识的掌握水平定为“识记”“理解”“应用”“综合”四个层次。

第一个层次“识记”：我们定义为对某事物、某过程、某具体的或抽象的符号、时序等记忆内容的回忆。“识记”是最初级的教学目标，其实所有的知识都要经过这一层次。但通常我们只把基本概念、术语或某些硬性的规定等没有变化形式或不要求变化形式的知识内容列为识记。识记的行为表现为记住、知道、复述、识别等，如：导数、微分的定义，微分方程的基本概念等列为“识记”，学生只需记忆内容，对该目标测量也只能是对定义的复述，可以出填空题。例：凡含有自变量、未知函数以及未知函数导数的方程称为微分方程。

第二个层次“理解”：我们定义为在识记基础上，对识记内容的转换表述形式，确定符号原始条件的含义、后果等。通常把目标中要求学生理解、掌握的概念、原理、性质、方法和一些重要的变量关系等列为这一层次。理解行为表现为解释、说明、推断等活动。常用的题目为：判断、选择。如：无穷大与无穷小的性质、导数的几何意义、定积分的性质等。

第三个层次“应用”：我们定义为在理解的基础上，对理解内容在具体情况中的使用。它比“理解”更高一级，是高职学生最重要的目标层次。目标中要求学生掌握，熟练掌握的内容几乎都在这一层次内。应用的行为表现为运用、计算、分析、作图等活动。如：函数的求导法；不定积分、定积分的直接积分法、换元积分法、分部积分法等。

第四个层次“综合”：我们定义为在对全部认识领域内容理解的基础上，把诸要素或各组成部分重新组合形成一个新整体，或对一个新式样整体进行各要素加工。这是最高级形式，我们把应用层次中的难题（难度系数 $P>0.3$ 的题目）和综合两个以上知识内容的题目，设计项目题目，对教材认识结构的统摄等列入这一层次。综合目标的学习行为表现为较强的分析、概括、归纳、推理的综合能力和制订计划或成套操作的能力。如：导数的应用；定积分的几何、物理上的应用；傅立叶级数等。

制定教学目标时，按上述定义进行，并使教学目标用学生的行为类型或产物等可测的方式来描述。

4. 目标教学实施时教学目标的制定

教学目标的编制包括教师的目标设计和学习者的目标设计。教师的目标设计要求教师恰当地选择或组合教学内容，设计教学过程，其依据是课程设置和对应教材；学习者的目标设计是指预期的学习者行为的结果，明确学生在认知、情感和技能三方面应达到的具体要求，这三类目标均可由低至高划分为几个层次。例如，认知目标可分为四级：了解、理解、掌握、灵活运用。情感领域目标可分为三级：萌发、养成、巩固。动作技能活动领域可分为五级：简单操作、熟练操作、灵活运用、解决问题、创新能力。

编制教学目标应防止片面、单纯地追求知识教学，而忽视情感领域、动作技能的要求，使学生不能全面发展。

（1）制定教学目标的原则

制定教学目标必须以实施教学的课程标准为依据。目前工科高职高等数学没有统一的课程标准，只有一些指导性文件，结合学生所学专业，由专业提出相应的要求，本着“必需、够用”的原则，任课教师根据多年的教学经验，根据所选教材体系、内容和学生的实际情况来规定目标的深度和广度。所制定的教学目标必须尽可能做到科学、准确、具体、可测，要根据学生的行为类型或产物来构成对学生学习结果的可测的描述，以消除教师间、师生间的分歧，达到认识一致，共同朝目标努力，并能达到目标。这是制定教学目标的基本原则。

（2）制定教学目标的步骤

第一步：仔细研究实施性的课程标准（考虑到专业对数学知识的基本需求）。教学目标必须充分将课程标准要求有系统地分层次地以具体的可测体系来展示。以知识点的形式规定（或参考）学科考试大纲。目标教学中的教学目标应与规定的考试大纲协调一致。

第二步：精读教材，熟悉各部分内容，搞清本课程各章节之间的内在联系，本课程与其他相关课程的关系，以及在培养学生各种能力方面所处的地位。保证前面知识的安排对后面知识的学习有一定的前提作用和贯通作用，为工科专业基础课或专业课打好基础。

第三步：对教学目标各认知层次深入解剖，进行层次划分。根据布鲁姆的认知领域的目标分类水平层次，结合学校、专业的实际情况，我们把要求学生对知识的掌握水平定为“识记”“理解”“应用”“综合”四个层次。

第四步：将教材内容以知识点的形式做适当程度的细化。这是一项相当烦琐的工作，应由一个专家小组来完成，以确保细化的质量。目标要适度细化到具体内容，从原则上说，目标越细就越具体，但太细反而会使一些层次变得模糊或者认同性差，而且太细的划分也不利于编制。教学目标划分时既要强调体系的科学严谨，概念准确，具体实用，又要考虑到教学实际。

第五步：将细化后的知识点按各认知层次分类，各知识点都列在它最终达到的认知层次当中设置。

第六步：用学生的可测行为来描述各知识点，这一步十分重要。要求对各知识点的描述必须使师生双方都能准确无误地领会，成为其行动的指南。

第七步：组成综合因素，完成教学目标制定。

（3）制定目标应该注意的问题

在制定目标时不能只依靠课程标准，或简单地把课程标准内容转换一下。教师必须依据课程具体确定什么是学生可以达到的。因为就同一教学目标而言，对某些学生来说是可能达到的，但对另一些学生来说就是不可能达到的。同时教师在教学过程中应该给予学生最大限度地扩大可能发展的目标范围，当然，这应该以学生的能力、成绩和个性为出发点。

教学目标的制定应在大纲范围内进行，不能期望太高，也不能期望太低。太高和太低都会引起失误。教学目标应当是用特定的术语描述的教学后学生能做到的事，同时，应当成功地向学生表述或交流教师的意图。也就是看了学生的行动结果后，对照教学目标就能判断出学生是否已经达标。教学目标必须是可行的，而且是在教师的能力范围内。教学目标应该是能够测量的，每次测量只设计一个终极目标。

教学是帮助学生按预期方式产生变化的过程。教师的主要任务就是确定学生将发生什么变化，并在这个变化中给学生提供需要的帮助。教学目标就是教师预期的教学成果。从这个意义上说，教学就是实现教学目标的过程。然而由于大多数学科范围的复杂性和课堂内动态的社会结构，要使学生完全按预期实现教学目标是不可能的，预料以外的结果也常常出现。因此，制定教学目标是一种不断发展的循环过程。每一次重新修订目标，都将使一些未预料的结果成为目标。

5. 目标教学法的课堂教学

无论什么样的教学方法，最终都要在课堂上实施。课堂教学是教学最关键的环节，这一步做得如何直接影响到整个教学效果。我们在进行目标教学研究中，对某些数学课实施了三轮共四个班级的对比实验。实验结果表明，目标教学的课堂教学与普通课堂教学比较，既有明显的区别，又有较大的联系。目标教学的课堂教学也是课堂讲授形式，这与普通教学没有什么明显区别。但是，目标教学准备工作繁重，备课量大，向学生展示教学目标，并时时向着教学目标努力，教学过程是可调控的，这是与普通课堂教学明显的区别之处，而更大的区别则在于教师教学观念的转变。例如，目标教学偏爱中等以下的学生，认为95%以上的学生可通过努力达标的观点，教师是为学生提供帮助的观点等，都极大地提高了目标教学课堂教学效率，教学效果较好。现仅就课堂教学中实施目标教学的一般过程进行一下说明。目标教学的课堂实施主要有以下几步：

（1）展示教学目标

在开课初期应展示课程总目标，在整章内容前展示章节目标，每次课上要展示课次目标。学生可将目标记下，使学生对相应目标要求有所认识，明确方向。课次目标也可在本次课复习内容之后醒目地展示给学生，并让学生记牢。但有一点必须明确，那就是课堂上师生要一直朝目标的方向努力，直到达标。教学目标始终是贯穿全课程的主线，教师和学生的双边活动都是紧紧围绕着教学目标进行的。

（2）讲解新内容

从已达标内容出发，朝着下一个目标指示的方向，启发学生思维，解决每个问题，克服每个困难，达到目标要求。教师在这一个过程中，可应用多种教学方法，如启发式、学导式等。只要是保证实现教学目标所需要的方法，便可运用。教师教学的艺术性因人而异，因此每个人的授课也就各具风采。相同知识点，讲授中方法各不相同，因材施教，因势利导。但殊途同归，就是把知识传授给每个学生。

目标教学是面向全体学生的教学，特别偏爱中等以下的学生，有意识地设置一些容易引起他们的兴趣并经过努力探索能够独立完成的问题。在课堂上要使每个学生都有期望，并愿为之努力。每个学生都能达到一定的目标层次，从而获得相应的成就感，这会极大地激励学生的学习热情。

目标教学的一大特点是教学的可调控性。这一方面体现在测量上，另一方面表现为课堂教学过程当中的调控。要求教师时时注意学生的学习状态，注意引导学生思维，掌握好课堂的节奏。要学会从学生的表情、眼神来读懂学生的学习情况。教师要努力帮助学生达标，使学生学习处于温馨愉快的课堂环境中。

一般来说，目标教学课堂上，用于完成课次目标的达标学习时间约占课堂总时间的三分之二。

（3）达标检测，评估校正

新内容授完，通过初步的练习，可检测一下学生的达标情况。为利用有效时间，达标测试题可由教师课前准备挂图、印好的测试卷等形式出现。教师也可以借助幻灯片、计算机课件等方式进行教学。

在学生思考、做题的过程中，教师可以巡视课堂及时发现问题，并做好记录。学生独立完成检测后，教师可抽样检查，这种检查不是随机的，由于教师对学生情况比较了解，所检查的是具有代表性的学生，当然最好是检查全体。也可在达标测试题上附有判定达标程度的简单的模数，比如几个合理的分数，让学生对照分数自评。达标测试题一定要在预定的时间完成。

首次检测后，教师一定要对学生存在的问题进行讲解。通过教师讲评，学生可对自己的掌握情况有所了解，并且能及时改正自己的错误。对不能达标的学生，要适当地加强辅导，教师要给予不同学生以不同的帮助，直至全体学生掌握所学内容达到教学目标要求为止。

学生可在教师的帮助下完成目标。最好让学生试着独立完成目标，让学生亲自尝试成功的喜悦，感觉到老师所定的目标，经过自己的努力完全能够达到。从而激发学生的学习兴趣，增强自信心、进取心，能自觉地、主动地去学习。

（4）总结归纳

在课次目标或其他层次目标完成后都要做一个小结。学生可就解决问题的方法发表自己的见解，对本节目标如何达到阐述自己的观点。该环节能锻炼学生的思维和表达能力，培养学生的统摄能力，同时又是对整节内容问题的回顾。在关键问题上，教师要明确观点，准确定义，强调重点，突破难点，总结出完成目标的必要条件和关键步骤，起画龙点睛的作用。时间允许，可对重点内容巩固练习，解答个别学生存在的疑问或提出思考题目，为下次课做好铺垫。

在课堂教学中采用目标教学一定要注意教师自身教学观念的转变，偏爱中等以下的学生，如认为“学生不会是帮助不够”，认为“学生都可以达标”等重要观点，都是要求教师深刻领会并在教学中认真贯彻执行的。目标教学的特点决定了目标教学的课堂要以学生为主体，要积极调动学生的主观能动性，培养学生的综合能力，教师有目的地引导学生如何寻找解决问题的方法，开发学生的学习兴趣。教师随时对教学进行有效的调控，这主要是依靠教师对学生测评成绩的掌握，掌握越多越能准确对学生进行预测，从而有效控制教学进程。目标教学在课堂上展示目标，绝不是为展示而展示，而是为达标而展示，是达标的一个环节，是师生共同努力的方向。达标测试题中各种问题的解答，不仅是对所学知识消化、理解，更是对各种题型予以尝试。学生对课后题目不会再有陌生感，以提高学生分析问题、解决问题的能力。

计信类高职教学在基础课部分采用目标教学，可以加快学生能力的培养，使之与 CBE 教学模式有机结合，其理由简述如下：

CBE 教学模式要制定能力培养目标，制定学习标准；目标教学要依据课程要求编制学生的学习目标。CBE 教学模式要依据能力标准编制学习指南——学习包；目标教学要把应达到的目标交代给学生，使他们在学习过程中有方向可循。在 CBE 教学模式中教师的作用是帮助学生完成学习任务，达到所制定的能力要求；目标教学中则是教师要依据学生的具体情况，采用适当的教学方法帮助学生完成教学目标要求。CBE 教学模式的考核是以达到标准要求为合格，目标教学中的达标测试也是以达标为通过。因此，目标教学体系与 CBE 教学模式有同本同源之妙。

基础文化课中部分教学采用目标教学体系，以其灵活的教学方式更快地培养学生的自我学习、自我管理的能力，使之在学习心理上、学习方式上逐渐适应 CBE 模式的教学目标。教学中灵活的讲授方法及注重于活跃学生思维的传授知识的方式，侧重于动手能力及自学能力的培养，使学生产生较强的后劲。可以使在专业课教学中实施 CBE 模式与基础课教学进行有效衔接，平稳过渡。从而解决我国国情与加拿大国情的差异给 CBE 模式实施带来的不利影响，解决了高职教育基础知识、学习心理、自制能力的差异的矛盾。克服传统教育对学生能力培养的不利因素，使学生产生极大的学习兴趣。顺利完成培养目标的要求，毕业后能更好地适应企业岗位工作的要求。

教学改革是一项长期的任务，我们不是为了教改而进行教改，而是根据国家的经济建设对人才的要求而不断进行教改，使我们的教育不断适应人才市场的要求，使我们的“产品”永远保持畅销。

第二节 高职建筑类专业高等数学教学的改革与实践

随着社会和经济的发展，高等数学的应用已经渗透到了自然学科、工程技术、生命科学和社会学科等众多领域。高职教育是一种特殊的职业教育，主要是为社会培养生产、建设、管理和服务第一线的技术技能型人才，这与普通高等教育在培养目标上不同，导致高职高等数学在教学目标上有别于普通高等教育。而今随着高职教育的快速发展，教学改革的不断深入，高等数学课程教学存在各种各样的问题，如何正确地解决问题并及时研究出改革方案，在探索中进步是关键所在。

一、背景分析

高职教育的本质特征是培养和造就生产、建设、管理、服务第一线的高级技术应用型人才，并从社会的需要和高等教育的地位出发，确定其教育定位和培养目标，形成有别于学科型、工程型的技术复合型人才。所以说，高职教育所提供的课程不管是在理论学习的深度还是在技术应用能力的训练方面，都应根据受教育者的生理和心理特点、培养目标和学习年限的不同，突出主体性和职业性。高职教育的课程一般包括基础课、专业课、实践课和其他技能课程，为了实现其课程体系的优化，基础课必须根据专业培养目标的需要，重在学生综合能力和职业能力的培养。

高职高等数学是高等职业院校的基础课和必修课，是一种众多学科共同使用的精确的科学语言，对学生后继课程的学习和思维素质的培养起着重要的作用，它的基础性和工具性地位，决定了它在自然科学、社会科学、工程技术领域及其他学科中发挥着越来越重要的作用，高等数学日益成为各学科和工程实践中解决实际问题的有力工具。高职高等数学教育的作用有三个：一是培养学生的数学素质，让学生受到良好的数学文化熏陶；二是为学生后续专业课程的学习提供作为技术和工具的数学；三是为学生以后的继续教育提供必要的知识储备。然而，多年来，尽管数学教育工作者对高职高等数学教学改革做了多方面的有益尝试，但在课程体系、教学内容、教学方法、教材使用情况等仍没有得到根本性的改变，无法满足各专业发展和工程技术实践对教学的要求，仍需要继续高职高等数学课程教学改革的研究。研究高等数学教学改革首先必须要明确高职教育的培养目标，即高等数学教学应体现“以应用”为目的，以“必需，够用”为度，为后继专业课程奠定理论基础和发挥工具性作用。由于高等数学学习与专业课程学习是相互促进、相辅相成的，在高职高等数学教学中加强与专业联系的实际背景和案例，不仅有利于提高学生对数学的学习兴趣，加强学生的应用意识，更有助于提高学生对数学概念的理解和应用。

随着我国建筑业的快速发展，行业对建筑人才的需求量也日益增加。伴随建筑业由劳动密集型向技术密集型的转化，企业越来越渴望得到具有全面职业素质和综合职业能力的技能型人才。作为高等职业院校，为企业提供高级的技术型和管理型人才，要更加注重提高学生的综合素质、实践能力、职业意识和职业适应能力。高职建筑类专业的所有专业课程中，建筑制图与识图、建筑测量和建筑力学与高等数学的联系最为紧密，建筑工程定额与预算同高等数学也有很多知识联系。如果学生没有扎实的数学理论基础和计算功底，根本无法深入学习这些专业课程,对后续更高层次的专业发展和深造也会造成很大的障碍。然而在许多高职院校，由于多方面原因，数学课往往得不到应有的重视，学生对数学的学习缺乏兴趣，教学内容忽视了与专业课教学的联系，教师的教学方法滞后、单一，教材不具有针对性以及教学评价也比较单一，造成高等数学教学不理想，发挥不了真正的作用。

（一）高职教育的需求

高职院校的高等数学教学中转变教学观念、优化课程内容、针对不同专业编写数学教材、教学与专业紧密结合、渗透数学思想、利用多元化的教学评价手段是一线数学教师必须要考虑的首要问题。下面从多个角度阐述社会对高职教育的需求：

1. 高等职业教育人才培养目标提出的要求

高等职业教育的培养目标是：培养拥护党的基本路线，适应生产、建设、管理、服务第一线需要的德、智、体、美全面发展的高等技术技能型专门人才。这一不同于普通高等教育的人才培养目标决定了各类课程教育目标也应体现出高职教育的特色。

高等技术技能型专门人才，其中既包括了对人才在技能、技术方面的要求，也包含了对人才能力层次上的要求。因此，各课程的教育目标不仅停留在知识层面，还应注重能力层面和素质层面，既要考虑学生就业的需求，更应考虑学生后续发展的需要。

2. 专业设置市场化和多样性提出的要求

为了适应经济社会发展对人才层次要求的不断提高，高等职业院校的专业设置也越来越灵活，一些新的专业不断出现，现有专业也在不断创新和改革。新知识和新技术不断出现，对学生的能力要求也随之提高，从而对数学课程来说，其教学目标、教学内容、教学方式以及教学评价等各方面都必须提出新的要求。

3. 专业课程开发与设置改革提出的要求

随着对高等职业教育办学理念、办学特点认识的不断深入以及社会竞争的不断加强，高职院校纷纷开始了新一轮的专业开发和专业课程建设改革。先进的课程开发理念不断引进，项目课程开发、学习领域课程开发等如火如荼地进行。虽然这些课程开发模式都是以专业课程为对象，但是，专业课程的改革必然带动公共基础课程也发生一系列的变化，因此，专业课程开发建设改革也对数学课程提出了新的要求。

4. 高职院校生源的多元化提出的新要求

高职院校生源主要来自普通高中和各类中职院校的对口专业学生。普高学生由于文理兼收，文化基础课水平参差不齐，差异较大；中职学生由于在中职阶段已经划分专业并开始了专业课的教学，主要精力放在了专业知识和动手能力的培养上，文化基础课不受重视，基础普遍比较薄弱。高职院校生源水平的层次多元化对数学课程的教学过程和内容设置都提出了新的要求。

综上所述，在新时期的高等职业教育中，数学课程同专业课程一样存在着各种各样的问题。对教学者来说每一个问题都是一项挑战，如何正确看待问题并及时研究改革方案在探索中取得进步是教育研究者的关键所在。

（二）核心名词界定

该项研究涉及五个核心概念，对其认识和界定的不同会直接影响到相关的教学理论，因而有必要厘清这些概念的内涵和本质。下面对五个核心概念进行界定。

1. 高等职业教育

“高等职业教育”是“高等”与“职业教育”两个概念的复合，简称高职，是高等教育的重要组成部分，是以培养具有一定理论知识和较强实践能力，面向基层、面向生产、面向服务和管理第一线岗位的实用性、技能型专门人才为目的的职业技术教育，是职业技术教育的高等阶段。

高等职业教育所培养的毕业生今后所从事的就业岗位从其工作任务综合性、复杂程度与价值功能上来看应高于中职教育毕业生所从事的工作岗位；高等职业教育所培养的毕业生在驾驭其工作过程以及把握其工作经验的能力上应高于中职教育毕业生；高职教育所培养的毕业生在其工作岗位上的后继学习能力、工作技能迁移能力和发展空间上应高于中职教育毕业生。

2. 高职高等数学

（1）高职高等数学课程的内涵

高职高等数学课程的任务是由高等职业教育的培养目标所确定的，它应使学生在高中文化基础上进一步学习和掌握高等数学的基础知识和基本能力（包括运算能力、逻辑思维能力、使用计算工具的能力以及简单实际应用能力等），并且它要为学生学习专业课程打下良好的基础，使他们具有学习专业知识的能力。

根据高职教育人才培养目标，高职高等数学课程应定位为专业课学习服务的工具性课程，提高学生职业能力、职业素质，为学生后继学习和职业发展做准备的公共基础课程，为实现学生全面发展、可持续发展和实施素质教育不可或缺的文化基础课程。

（2）高职高等数学课程的作用

高等职业教育的人才培养目标是：培养高等技术技能型专门人才。在这个培养目标下的高职高等数学课程应具有以下作用：

①高职高等数学课程具有为专业课服务的工具作用。高职高等数学课程为专业课服务的工具性不言而喻。打破学科中心的课程模式，高职高等数学课程应紧扣专业培养目标，满足专业对知识能力的需求，坚持“以应用为目的，必需、够用为度”的原则。

②高职高等数学课程具有培养学生综合职业能力的作用。首先通过高等数学学习，学生的思维品质得到提升，逻辑思维能力、逆向思维能力、发散思维能力等可以帮助学生在工作岗位上获得良好的任务执行力；其次通过数学学习，学生的学习能力得到提升，知识迁移能力、归纳总结能力、演绎推理能力等可以帮助学生在工作岗位上获得更好的岗位适应力；最后通过数学学习学生的创新能力得到加强，模型构建能力、分析处理能力等可以帮助学生获得更佳的职业发展可能。

③高职高等数学课程具有提高学生职业素养的作用。通过数学知识学习，培养学生严谨细致、简洁精练的品质，坚忍不拔、刻苦耐劳的精神，锲而不舍、热衷创新的品格，有助于提高学生的人格素质，从而体现出良好的职业素养。

3. 结构主义课程理论

结构主义课程理论思想是美国著名的心理学家布鲁纳基于其结构主义心理学理论而提出的。结构主义心理学的核心思想认为，人对客观事物的认识过程，不是通过不断地“尝试错误”来完成的，而是运用人类主观上已有的一定“认知结构”，并以图式、同化、调节和平衡等形式表现出来的。

4. 发展性评价

发展性评价是20世纪80年代以后发展起来的一种关于教育评价的最新理念，是指通过系统收集评价信息和进行分析，对评价者和评价对象双方的教育活动进行价值判断，实现评价者和评价对象共同商定发展目标的过程。它主要是基于发展者自身现实状态与过去情况进行比较，从而对发展者的发展水平、发展潜力做出综合判断的质的评价方式，通过纵向比较分析来明确主体发展的优势与不足，从而能够估计信息、明确防线，以追求更快、更好的进步。

5. 教学案例

教学案例是教师对教学过程中包含有疑难问题的实际情境的描述与反思，它以教学情境为基础，并将具体的教学实践知识与理论蕴涵于特定的教学情境的叙事与描述之中，既是教师参与教学活动真实情境的再现，又是沟通教育理论与实践的桥梁。也就是说教学案例包含有疑难问题的实际情境的描述，是一个教学实践过程中的故事，描述的是教学过程中意料之外，情理之中的事情。

二、高等数学课程教学现状

针对高职高等数学课程教学中存在的主要问题，提出教师应重视数学思想方法教学，优化教学内容，并适当改变授课方式，以提升数学应用能力。

（一）认识上存在误区

1. 数学课不受重视，产生供求矛盾

高职教育是一种职业教育，而职业教育重视的是对学生职业技能和职业能力的培养，强调的是学生实际操作动手的能力。现在的高职院校把教学重点都放在专业建设和专业课的教学上，随着现今教学模式的改革，许多高职院校采用的是“2 + 1”的教学，学生要用一年的时间去校外参加实习，只有两年的理论教学时间，为了满足大量专业课的教学需要，基础课时被压缩，而体育课、思想政治课、英语课受到国家政策的支持，学校能够保证它们的学时要求，只有高等数学课时被大量缩减，数学课可有可无，好多学院的数学课只上一学期，数学课几乎变成选修课，数学课时缩减到了48—80学时，基本的教学内容都

难以完成。以建筑专业为例，原来数学课总共120学时，可以上到线性代数，概率，而现在为72学时，只能上到微积分，而对高等数学教学的要求又进一步提高，形成了高职高等数学内容多与教学课时相对不足的供求矛盾。

2. 过多强调“工具性”，忽略素质教育

高等职业教育如何办出自己学校的特色，体现自己的优势，培育出在各种工作岗位上的出色应用型人才，一直是高职院校课程改革中最关心的问题。为此，高等数学作为一门基础课和工具课，过分地强调为专业服务的功能，忽略数学的计算理论、思维方式对学生逻辑思维能力的培养，造成学生对数学理解狭隘，片面理解数学仅仅是工具，内容的讲解以“必需、够用为度”为原则，这与高等数学课的另一“基础性”功能——培养学生的数学素养和综合能力不符，忽视了学生综合职业能力的培养和终身学习的需求。

（二）学生学习状况

1. 学生基础较差

许多高职学院为扩大招生规模，降低生源质量和生源差异，导致学生数学基础较差，数学基础参差不齐，大部分学生高考成绩都在60分以下，再加上学生没有良好的数学学习习惯和学习方法和数学课是纯理论课，比较枯燥，学习起来比较困难，特别是学到不定积分和定积分内容，大部分学生基本放弃，最后导致补考率居高不下。

2. 学生数学学习无动力

高职大部分学生思想懒散，学习缺乏积极性和主动性，学习态度不端正，遇到一点小事就请假，甚至旷课，只有少部分学生认真完成作业，按照老师要求做的学生不到20%。绝大部分学生学习目标不明确，得过且过，缺乏学习的兴趣，考试及格，拿到毕业证是他们学习数学的目标。

（三）教师教学问题

1. 教学方法单一，不能与时俱进

大部分数学教师还是采用传统的“粉笔加黑板”教学方式，注重书本知识的理论教学，重视演绎和推理，没有问题背景，直接给出概念或定理，进行简

单的推理说明，接着讲解书本上的例题，最后给学生相应的习题进行训练，把主要的精力放在了形式化的计算上，这样导致大多数学生对数学学习不感兴趣，教学效果很不理想。随着硬件条件的改善，多媒体教室的普及，一部分教师用上了多媒体辅助教学，但由于没有合适的、学生实用的教学课件，用的课件基本都是教材的电子版本，教学效果不理想。

2. 教师知识结构单一

高职高等数学教师大多都是数学专业毕业的，学习和培训的都是数学方面的知识，对于专业知识不太了解，知识结构单一，大部分教师基本清楚专业所需要的数学知识，就是不能加以应用，不能把数学知识与专业知识结合起来，到了专业课要用到数学知识时，经常出现学过不会用的现象。再加上数学教师由于是基础课教师，不受重视，培训机会比较少，学校很少组织对数学教师进行专业方面的培训，再加上高职高等数学教师较少，一般不是固定上哪几个专业的高等数学课程，同一学期都会上好几个专业的数学课，要让数学教师对所上的专业课有所了解，真是难上加难，同时也加大了培训的难度。

（四）教材不具针对性

教材建设是课程改革的重点之一，好的教材能撑起好的内容体系，能带给教师好的教学指导。调查发现，目前的高职教材虽然在质量上、数量上都有突破，但综观高职各类专业用的教材，都大同小异，重理论介绍和运算，缺少实际应用的实例，即使有也不具有针对性。许多工科类专业用的教材都是经典的物理案例、经济方面的案例。以建筑专业来讲，个人查阅了最近几年出版的高职高等数学教材，发现很少有建筑类方面的相关案例。这就让学生感到学习数学的枯燥乏味，不知道学习数学的目的，对学习数学感到茫然。

三、理论基础

由于教学研究是一个运用科学的理论方法有目的、有意识、有计划地探索教学规律的活动过程，而一项富有生命力的研究离不开有效的教学理论基础作为坚实的理论支撑，所以在进行构建教学改革策略之前，论著将进行理论基础的论述。

在这一章将介绍现代科学教育理论、布鲁纳结构主义课程论、弗莱登塔尔的数学教育思想三个理论，以此为依据从教学观念、教学内容、教学方法和教学评价四个方面构建高职建筑类专业教学改革的策略。

（一）教学改革相关理论

研究借鉴了许多中外教育家的教育教学理论指导高职建筑类专业高等数学教学改革研究，具体如下。

1. 现代科学教育理论

（1）现代科学教育理论

教学观支配着教师的教学实践活动，决定着教师在教学活动中采取的态度和方法。现代科学教学观主要强调用发展的观点看待学生，着眼于调动学生学习的积极性和主动性，教给学生学习方法，培养学生学习能力，着眼于培养学生不断探索、不断创新的能力，以适应不断变化的社会。现代教学观认为教学活动具有认识的、发展的和教育的多重功能，以全面发展的目标为指导，既要重视现有知识的传授与掌握，又强调学生智能的开发，注重培养高尚的道德品质和科学世界观，同时还觉得只有让学生达到一定的发展水平的教学才是最好的教学。现代教学观主张促进学生的全面和谐发展、以“教育者为中心”转向以“学习者为中心”、从“教学生学”到“教学生自己学”的转变。

现代学生观认为学生既是教学的对象，同时也是受教育者，要按照老师的要求学习知识、发展智力、形成良好的思想品德。同时就学生的学习过程来讲，学生既是学习的主人，又是学习的主体，学生在学习过程中表现出巨大的能动作用，这种能动性表现为学生在学习过程中对知识具有选择性、自主性和自控性。再者，现代科学的教学质量观认为检验和衡量现代大学教学质量的主要依据不是看招生人数的多少，而是要看培养出的学生是否符合用人单位和企业实际需要的合格人才，真正做到为社会主义建设服务。可以说，现代教育思想真实体现了社会对当前教育的要求，其实质就是素质教育观、能力教育观和创新教育观的展现。

（2）现代教育观的启示

随着教育观念的转变，目前我国各高职院校都掀起了教育教学改革的浪潮，对高等数学课程的要求也相应提高。一方面，作为其他自然学科的基础，为学生较系统地打好必要的数学知识，为后续课程及更深层次的学习做准备，同时理论联系实际，增强时代感和实用性。另一方面，更强调对学生素质的培养，对学生进行科学思维及科学方法训练，培养学生的独立钻研、独立思考、工作创新等各方面的能力，进行科学思想方法、科学美学、世界观及意志品德的教育熏陶，在素质教育中发挥着重要的作用。

2. 布鲁纳的结构主义课程理论

20 世纪 50 年代末，以美国著名教育家布鲁纳为代表的一些学者提出了结构课程理论，这是一种主张把学科基本结构作为学校课程的基本内容，使学生既能获得学科的基础知识，又能掌握学习和研究方法的课程理论。结构课程理论又被称作“以知识结构为中心的课程论”。这种理论是 20 世纪众多课程流派中最具有影响的理论之一。

（1）结构主义课程论的思想

学习者对于新学习的事物，总是试着运用原有的图式去同化它，以达到认识上的平衡，教育学习者应按照学习者的认知结构的特点去进行，忽视它和超越它都收不到好的效果。布鲁纳的结构主义课程论以此思想为核心，主要从“教什么”和“如何教”两个方面提出了自己的教学原则和主张。

对于教什么，布鲁纳认为主要是从教学内容和教学内容的编排上提出自己的见解。在教学内容方面，布鲁纳认为主要是让学生理解学科的基本结构，也就是说，学科的基本概念、原理、公理和普遍性是教学的主体。他还认为，任何学科都有一个基本结构，不论我们教什么学科，学科基本结构的教育价值是丰富的，学习者一旦懂得基本原理，可以使学科更容易理解，并且有利于识记，特别有利于意义识记，还能够促进知识技能的迁移。在教学内容的编排方面，它主张螺旋式编排。在他看来，在教材编排中必须把学科普遍的和强有力的观念态度作为课程的中心，而且要将教材分解为不同水平，使之能够与不同学习者的接受能力相吻合。而且这种编排要符合学习者的认知发展特点、教学材料要能够加以转换、要采用适合促进学习者智慧成长的教学方式。

对于怎么教，教育工作者一直在研究和探索新的方法和模式。布鲁纳在他的理论体系中提出了一些教学思想，他认为在教学方法上应提倡发现式教学，他认为人是作为一个主体参与获得知识的全过程的，认识过程是人主动地对进入感官的事物进行选择、转换、储存和应用的过程。他还认为学生的思维方式和科学家的思维方式在本质上是一样的，但教学中的发现并不限于寻求人类尚未知晓的事物，发现包括用自己的头脑亲自获得知识的一切形式。学习者可以利用教师所提供的材料，亲自去发现应得出的结论或规律，其基本程序一般为：教师创设发现问题的情境→学生建立解决问题的假说→对假说进行验证→做出符合科学的结论→转化为能力，这种教学可以减少学生对教师和教材的依赖性，从而培养学生的好奇心，发展学生的推理能力和观察能力，并使其掌握探究问题的方法。在教学过程中应关注学习者的学习动机，他认为人类的智力发展表现在内部认识结构的重组和扩展，绝不是简单地由刺激到反应的连接，而是在头脑中不断形成、变更认知结构的过程。学习者知识的获得是一个积极、主动的学习过程，要推动这种学习行为，不能单纯地依靠奖惩等方式激发外部动机，而是要想办法让学习者在学习中发现学习的源泉和内部动机。这样，学习者将表扬、奖励等外部动机逐步变为学习者解决问题后的满足感、胜利感等内部动机。

（2）对高职高等数学教学内容改革的启示

根据对布鲁纳结构课程理论的分析和认识，在高职高等数学教学内容选择上要符合学习者的认知特点，打破传统的科学数学体系，了解学生原有知识结构的实际需求，选择适合学生认知特点的教学内容和表现手法，能让学生更好地理解和掌握教学内容，促进学生的学习效果。在教材编排上要注重数学学科体系的基本结构和逻辑性，选择数学中最基本和基础的原理和方法，同时还要注重数学学习方法的渗透和培养，帮助学生形成良好的学习能力，养成良好的学习习惯。在教材的编写上要注重开发新的教学模式，通过编写相关专业的教学案例，创设问题情境，激发学生的好奇心和求知欲，提高学生的学习兴趣。

3. 弗莱登塔尔的数学教育思想

汉斯·弗莱登塔尔是荷兰著名数学家、数学教育家，是享有国际盛名的数学教育权威。弗莱登塔尔及其数学教育思想一直深深地影响着世界各国的数学教育，尤其是“数学化”和“再创造”的思想，这些思想后来一直深深地影响着世界各国数学教育的发展，对数学教育的改革产生了巨大的推动力。

（1）弗莱登塔尔的数学教育思想

现实的数学源于现实，也必须寓于现实，并且用于现实。这是弗莱登塔尔“现实的数学”的基本出发点。

数学源于现实：数学是现实世界的抽象反映和人类经验的总结，所以数学应该是现实的数学，它的过去、现在和将来都属于现实世界，属于社会。数学源于现实，因而也必须应用于现实，如果脱离了那些丰富多彩而又错综复杂的背景材料，数学就将成为“无源之水，无本之木”。

数学教育应该是现实数学的教育。在《作为教育任务的数学》一书中，弗莱登塔尔曾说过：“数学的整体结构应该存在于现实之中。只有密切联系实际的数学才能充满着各种关系，学生才能将所学的数学与现实结合，并且能够应用于现实。除了初等数学以外，没有哪个数学领域可以让所学的大部分知识加以应用，这种数学往往远离赖以生存的现实，处于一种与现实没有联系关系，所以即使学了也立即忘记。”

从弗莱登塔尔的以上观点可以看出，学习数学就意味着要用数学，熟练地运用数学的语言去解决实际问题，探索论据并寻求证明，而最重要的活动则是从给定的具体问题情境中，识别或提出数学概念。故数学教育的内容是为学生准备的数学，更应该是与现实密切联系的数学，能够在实际中得到应用的数学，即“现实的数学”。如果过于强调数学的抽象形式，集中于内在的逻辑联系，割断了与外部现实的密切关系，尤其是将数学与其他科学割裂开来，失去了产生兴趣与刺激动机的最重要源泉，必然会给数学教育带来极大损害。

①数学化。所谓数学化，是用数学的方法观察世界，分析研究具体现象并

加以组织整理以发现规律，简单地说，数学化就是用数学组织和构建现实世界的过程，它运用已有的知识与技能去发现未知的规律、关系和结构。在《作为教育任务的数学》中，他特别指出数学本身同样属于现实世界，因而在数学发展过程中，我们必然要面对数学自身的数学化。

弗莱登塔尔运用了埃德里安、特雷弗斯关于数学化的理论，将数学化分为水平和垂直的两种成分，一种是水平数学化，从生活到符号的转化过程，另一种是垂直数学化，从低层数学到高层数学的数学化过程。用式子表示就是：水平数学化过程：从背景中识别数学→图式化→形式化→寻找关系和规律→识别本质到已知的数学模型。垂直数学化过程：猜想公式→证明一些规则→完善模型→调整综合模型形成新的数学概念→一般化过程。总之，在数学化的过程中，两方面的作用相辅相成，密不可分。

②再创造。弗莱登塔尔指出通过数学化过程产生的数学必须由通过教学过程产生的数学教学反应，因此，弗莱登塔尔认为数学教学方法的核心是学生的“再创造”，即每个人都应该在学习数学的过程中，根据自己的体验，用自己的思维方式，重新创造有关的数学知识。

弗莱登塔尔认真分析了两种数学，一种是现成的或者是已完成的数学，另一种是活动的或创新的数学。“现成的数学”以形式演绎的面目出现，它完全颠倒了数学的实际创造过程，给予人们的是思维的结果，是数学家把结果作为出发点叙述他的工作成果的方法，他将这种叙述方法称为教学法的“颠倒活动的数学”，数学家发现数学过程的真实体现，它表现了数学教学是一种艰难而又生动有趣的活动。弗莱登塔尔还指出：传统的数学教育传授的是现成的数学，是反教学法的，学习数学唯一正确的方法是实行“再创造”，也就是由学生去进行这种再创造的工作，而不是把现成的知识灌溉给学生。

（2）对高职高等数学教学的启示

数学是大众的数学，数学已经成为人类生存不可缺少的一个方面，高职院校工科类的所有高职学生都要学数学。数学是一种素质教育，理性和思维能力的教育，每个人都可以在生活中遇到“现实的数学”。对于高职建筑类专业的学生来讲，数学实现做中学就是要把数学内容和专业课知识进行有效的衔接，把数学内容渗透到专业课程的学习中去，这样才能达到最好的教学效果，提高学生的学习兴趣。

四、教学改革的思考

针对教学观念、教学内容、教学方法和教材的改革，作为教学主体的数学教师应该跟上时代的步伐，适应改革的需要。教师是教学内容的实施者和组织者，高职高等数学教师应该在学校管理者的重视和关心下加强综合素质和业务能力的提升，树立终身学习的理念、随时更新知识结构、学习新的教育方法和高职教育教学理念来完善自己，同时提高自己的教育教学科研能力，改变以往单一的角色，适应高职教育的发展。建议从以下几个方面实施：

（一）从学校角度

1. 鼓励和加强数学教师进行培训和进修

培训和进修是教师教学过程中学习新知识的一种有效方式，其一，学校应该鼓励数学教师参加省内外的教师培训活动和不定期的相关学术研讨会，学习省内外优秀的教学方法和研究模式，能与高水平的专家学者进行交流和探讨教学中的问题，学习别人的教学经验，根据实际情况应用于自己的教学实践。其二，学校可以邀请外面的专家和学者到学校来，或组织学校的先进教师和专业骨干教师对数学教师进行校本培训和讲座，内容可以涉及各专业的学科知识，也可以是有关的高职教育理念、心理学、教育学、普通话、教学艺术、课题研究等。总之，学校相关部门应该根据教师的实际情况制订合适的培训计划，让所有的教师都能积极主动地参与进来，以此加强教师的内涵建设，促进教师的全面发展。

2. 建设优秀的教师团队

由学校牵头，从校外引进或者在校内培育一名学科带头人，组建课程建设团队，制订教研活动计划，实行教师听课制度，教师之间轮流听课、说课和评课，通过教研活动，实行集体备课、名师课程观摩等，同时教研组人员共同进行教育课题研究、讨论教育教学方法和教学中的问题，分享教学心得，取长补短，共同进步。这样，能让教师团结一致，减轻和消除数学教师的忧虑感和挫败感，激励教师的积极性，引领数学教师的职业发展。

3. 建立人性化的考核机制

公平公正的考核机制对规范和激励教师的工作热情有很重要的作用。高职高等数学教师在学校的职称考评上有很大的劣势，教学科研少，教学工作量大是数学教师的实际情况，但在职称评定上只关注教师的教学科研，忽略了教师的教学工作量和教学质量，这在一定程度上对数学教师具有不公平性，影响了数学教师的工作激情。高职学院应该根据数学教师教学实际，做出科学的评价和实施方案，同时根据专业课教师和数学教师的区别，在职称考评上各有侧重，关注数学教师的职业发展，激发数学教师的工作热情。

（二）从数学教师的自身发展角度

1. 转变观念

随着社会对学生需求的不断变化，高职高等数学教师在教学过程中不能一意孤行只在乎数学知识的教学，不关心学生专业的发展，应转变观念，多了解学生专业知识和学生以后的发展和就业形势，参与到专业人才培养计划的制订中，参与到学生的管理中，从学生以后的就业出发，进行教学改革，培养学生的职业能力和适应社会的能力，让自身的教学理念与时俱进。

2. 善于学习增加自信心

随着高职高等数学教学模式和教育对象的不断变化，数学教师要想提高自己的地位，就应不断学习，吸收各种新知识，加强自己的专业学习，积极参加培训和进修，提高学历，树立终身学习的思想，扩大知识面，了解学术研究动态，及时了解和学习学生的专业知识，参加与专业有关的科研活动，填充自己的知识结构，通过不断地积累，丰富自己的教学内容和教学方法，教学中经常进行反思，提高自己的教学水平和教学艺术，提升人格魅力，增加自信心。

3. 积极参与课题研究提高科研水平

在改变观念、更新知识的过程中，我们还要积极地投入课题研究中，进行课程建设和课程改革，使我们的教学活动适应时代发展的需要。研究课题选择可以从我们的教学实践入手，解决教学活动中遇到的问题和难题，也可以从专业应用研究入手，选择结合专业实际的、与专业衔接的内容进行研究，还可以从我们教师自身的职业发展入手选择研究内容。总之，只要善于总结和发现，研究的方向可以是多方面的，数学教师要想提高自己的教学水平，进行教学改革，应该积极参与课题研究，做一个研究性的数学教师，提高自己的科研水平，没有科研的教学是没有灵魂的教学。

第三节 高中数学与高职高等数学教学衔接研究

高职教育属于高等教育又不同于普通的高等教育。高职教育培养“高素质、技能型专门人才”，以职业型、实用型为目标，而传统大学培养目标是学术型、研究型人才。普通高等教育的课程强调的是理论思维能力的培养，职业教育课程强调的是工作实践能力的培养，前者是面向知识的，后者是面向工作的，高职教育与传统高等教育相比更强调应用。高职院校的数学教育属于大学数学教育，两者之间必然存在共同特点，但高职院校的培养目标、数学的教学目标以及生源群体与普通高校相比较均有差异。高职院校的数学教学除了为学生打下必要的数学基础、培养思维方法、提高数学素养的目标以外，强调按照“以应用为目的，必需、够用为度”的原则展开数学教学，强调数学课程为专业课服务的工具作用。显然，高中数学与高职高等数学教学衔接同高中数学与大学数学教学衔接之间既有联系又有区别。目前，关注大学数学与高中数学教学衔接的研究比较缺乏，而作为大学数学中一个组成部分的高职高等数学与高中数学教学衔接问题的研究更是少见。

高中数学教学与高职高等数学教学分别属于两个不同的教学阶段，都有其特定的性质和目标。高职高等数学教育尚处于探索阶段，课时数逐渐减少，出现“生存危机”；高职高等数学课程定位不够清楚，应具有什么特色，改革方向是什么，对这些缺乏研究；数学作为基础课，如何实施素质教育和创新教育，高职学生有何特点，如何因材施教等。我国高职高等数学课程改革应当切实着力于注重与中学教改的衔接问题，与其他专业课程教学的衔接问题等几方面的工作。

数学课是高职教育中重要的必修课、基础课和工具课。但自高职教育发展以来，学生学习数学的学习态度有问题、积极性不高、兴趣不高、畏难情绪较重，甚至成绩平平等现象并不少见，数学课程在高职院校教师难教、学生难学是一个突出的问题。而做好高中与高职高等数学的教学衔接是解决这些问题的一个重要方面。

一、高中和高职高等数学教学衔接问题

在高中数学和高职高等数学的教学实践中，存在以下一些问题：

第一，高中新课程改革中，无论是课程教材、课程内容与结构、教学目的和要求以及教学思想等，和传统的高中数学相比，都产生了很大的变化。高中文、理科所学内容有差异，各省的教学内容也有区别，高职一些专业在招生时又是文理兼收，而且通常是省内外生源兼收的。而高职高等数学教材的编写大都沿袭高中数学新课程改革之前的内容和体系，高职高等数学教师对这些变化和不同缺乏了解，高中数学教师和高职高等数学教师又缺乏必要的交流和沟通渠道。例如，大学数学内容微积分下放到高中，传统高中数学中，极坐标系介绍、反三角函数等知识在现行高中教材中没有出现，而很多高职高等数学教师对这些变化一无所知，依然按照他们读高中时的学习内容进行教学。这导致高职高等数学教学中，有些内容学生已学过，而教师重复讲解，部分学生在学习这些部分内容时兴趣索然，造成了时间资源的浪费；有些内容学生高中没学过，而高职教材中没有这部分内容，教师也不讲解这些部分内容，出现了教学内容上的断层，阻碍了学生对知识的掌握，影响了教学效果及学习效果。

第二，虽然高中实施了新课程改革，整个教学体系发生了许多改变，教学的指导思想、教学理念等都有变化，但由于受到“高考指挥棒”的影响，高中数学的教学方法和学习方法也是换汤不换药。高中教学进度比较慢，对重点的知识内容，教师在详细讲解知识点后，通过反复训练促使学生掌握知识内容。而高职高等数学教师强调对思想方法的掌握，教学进度比较快，不会留下很多的时间给学生练习，学生对于这些变化往往会觉得不适应，正如季素月、袁洲

两位教师通过研究得出的结论：对大学教师授课方式的适应程度，是大学新生学习高等数学感到困难的原因之一。教学方法的不衔接也造成了学习中的困扰。

第三，高中新课标中一个引人注目的变化是强调“知识与技能”“过程与方法”和“情感、态度与价值观”的三维目标的达成，但实施过程中却依然难以摆脱“应试教育”的模式。在“升学率”的功利追求下，中学数学课程主要的评价标准是学习成绩，成绩好就是好学生，能得到许多的认可。而许多属于高职批次生源的学生在中学里数学成绩较差，长期以来，属于被忽视、被否定的群体。他们不仅仅是知识与技能的掌握处于较低水平，更重要的是高职高等数学学习中所必须具备的学习习惯的养成、学习方法的掌握、对数学的学习兴趣、对数学的学习态度和数学学习的正确价值观的形成等严重缺乏，还有的甚至是“问题学生”。他们或是家庭经济特别困难，或是学习成绩特别差的后进生，或是心理问题特别严重的学生，或是行为特别冲动容易犯过失的学生。这些学生虽然生理上已经成熟，但其自律能力、学习能力、心理发展等很多方面与其生理年龄并不匹配,这成了影响高职高等数学教学的一个至关重要的方面，如何做好高职新生学习心理、学习方法等方面的衔接。

综上所述，加强高中数学教学和高职高等数学教学之间的联系与沟通成为必然的发展趋向，很有必要开展高中与高职高等数学教学衔接的研究。

二、衔接策略研究

根据前面的研究，要做好高中数学与高职高等数学教学衔接，应该从教学内容、学习方法、学习心理、教学方法、思维方法和评价方法的衔接等多方面着手探讨方法和策略，本论题主要从教学内容、学习方法、学习心理和教学方法的衔接这四个方面展开研究。

（一）教学内容的衔接

对于高中数学和高职高等数学教学衔接问题，高职高等数学教师都已有所认识，他们主要关注的是教学内容的衔接，但这种衔接并不系统，也没有紧密结合高中数学新课程改革展开。教学内容的衔接不仅要及时关注高中新课改，关注新课改前后高中数学课程内容的变化，考纲的变化，更重要的还要关注高职生源特点的变化，结合对高职新生高中数学基础的分析，开展教学内容的教学衔接工作。

1. 补习应掌握的内容

近几年来，高职新生的高考总分与数学分数都呈现越来越低的趋势，这也意味着他们对高中数学的掌握程度越来越差。

鉴于高职新生普遍基础较差，又存在两极分化的实际情况，高职新生入学以后，教师应组织数学摸底测试，了解学生对高中数学的掌握情况。测试卷以高职高等数学学习和专业课学习所需要用到的以及中学数学中一些最基本与最核心的初等数学知识点、技能和方法为主要考核内容。在此基础上，综合考虑摸底测试结果、高考数学成绩、影响学生学习的非智力因素和学生的个人意愿，采取打破原有的行政班，分层次组班教学的形式，根据不同层次的班级对数学知识、技能和方法的不同掌握程度，分别查漏补缺，查漏补缺的内容仍然以高职高等数学及专业课学习所需要用到的知识、技能和方法为主。对基础较差的班级，编写衔接讲义，安排足够的课时，以学生能接受的教学进度详细讲解、专题补习中学的重要内容；基础尚可或者基础较好的班级，将学生掌握不够的知识点穿插在高职高等数学教学中予以补充复习。

值得一提的是，高职高等数学的主要内容是微积分，微积分的研究对象是函数。函数是中学数学中的核心概念，从初中至高中，学生一直学习函数，但由于函数概念的抽象性，知识体系的复杂性，涉及的问题较多，部分高职学生对函数知识掌握有欠缺。主要表现为，不熟悉基本初等函数的分类、图像、性质等内容，大大影响了高职高等数学的学习。故建议，无论哪个层次，都应在函数这个知识板块重点复习，以使学生达到非常熟练的程度，帮助学生顺利度过从高中数学到高职高等数学的过渡期。尤其要注意补充讲解中学教材中未提及，高职教材中未讲解却又用到的函数，如余切函数、反三角函数等。

2. 结合新课改做好教学内容的衔接

高中数学新课程改革有许多很显著的变化，高职高等数学教材编著者对这些变化不甚了解，依然沿袭新课改以前高中数学的编排体系来编写高职高等数学教材，造成了教材内容衔接的脱节。这就要求高职高等数学教师关注高中数学新课改前后的变化，根据这种变化安排高职高等数学教学。

（1）微积分部分

高中数学新课改后一个重要的变化是微积分“下放”到高中，而微积分是高职高等数学教学的核心内容，如何做好微积分的教学衔接工作，对高中与高职高等数学教师都提出了要求。

高中教师在微积分教学之前，要认真研究微积分在高中数学中的地位和作用，仔细研究《普通高中数学课程标准》，准确把握高中数学对微积分的教学要求，选择合适的广度和深度，合理分配教学内容，正确处理基本概念和基本计算，为大学数学教学奠定基础。高中阶段建议以创设情境、直观教学为主，尽量淡化形式化的内容。

高职教师要主动了解微积分在高中的教学状况，准确把握学生对高中所学部分的掌握情况，根据学生的掌握程度和个体差异找准切入点和衔接点。结合分层次教学分别安排微积分的教学内容。高中阶段采用逼近的思想，从平均变化率过渡到瞬时变化率，给出导数的定义，而且介绍了基本初等函数的求导公式、四则运算法则，利用导数判断函数的单调性、极值以及简单的最值应用题。对于基础较差的班级，这些内容应该详细讲解，尽量多采用直观的方法，并督促学生记忆基本公式、定理。对于基础较好的班级，应先给学生说明，高中与高职在引入导数概念、推导公式、极值判定的方法和定积分的概念等内容时有差异，高职更严谨、更形式化，高中用逼近思想，而高职用极限思想引入概念，高中直观介绍极值概念及判定的第一充分条件，高职较严谨并且增添了第二充分条件，避免学生有“炒剩饭”的感觉而忽视这部分内容的学习。讲解时，对于高中学过的内容可一带而过，而高职新增的不可导点也可能是极值点及第二充分条件则应详细讲解。在讲解最值部分时，针对基础较差的班级，题目难度在高中基础上略有提高，而基础较好的班级则难度应以较大提高为宜。

（2）几种衔接问题

两头不管型：高中和高职教材都未涉及余切函数与反三角函数的图像、性质，三角函数的关系式，正、余割函数的定义，极坐标知识，等等，这些都是两头不管的知识，高职教师应编写衔接讲义或者在教学中对缺失内容有针对性地加以补充。

原样重复型：对于函数、用导数判断函数的单调性、求最值等这部分原样重复型内容的处理，基于高职生源数学基础普遍不强、参差不齐、文理科生并存的现实，应在摸底了解学生对这部分知识的掌握程度以及文理科生分布情况的基础上，结合分层次教学采取相应的策略，对基础较差的班要重复讲解，对基础较好的班或者一带而过或者略去不讲，或者根据文理科生的比例以及后续知识学习的需要选择性讲解。

重复提升型：对这种类型的知识，基础较差的班以重复补充讲解为主，对基础较好的班，要向他们说明提升之处，方法不同或者深广度不同，避免他们由于感觉内容和高中差不多而忽视这部分的学习。如导数概念、零点定理、定积分概念的引入等微积分部分知识，已经在前面单列，不再赘述。再如牛顿－莱布尼茨公式，推导方式有提升，教师应说明，不同推导方式的优劣之处。

前后不一型：对于无统一规定而由于编者各自的偏好和习惯不同而导致的符号前后不一致，如高中和高职高等数学教材中函数概念里定义域、值域等符号的变化，高职教师应简单说明。还有些知识如邻域、连续等的不同表达，多数不是高中新旧教材的差异所致，而是高职教材为更严谨地表达所需。教学时，教师需附带说明为什么存在差异，何者更好。

新旧混合型：这种类型的知识，需要分清哪些是新知识，哪些是旧知识。对于旧知识，根据学生的掌握程度和学情，或者重复讲解或者一带而过或者拓展讲解，对于新知识，要提醒学生注意，新内容勿忽视，对于函数的性质，对旧知识，单调性、奇偶性、周期性，建议基础较差的班以回顾概念讲解练习简单例题为主；对基础较好的班，结合这几种性质在实际中的应用拓展介绍。有界性是高中未涉及的内容，要详细讲解。

（3）文理差异、生源差异

对反函数、数学归纳法、曲线与方程、空间向量与空间曲面、旋转面与旋转体的形成、简单复合函数的导数、定积分概念及几何意义、微积分学基本定理、随机变量及其概率分布等高中数学教材系列 2 里有介绍但系列 1 里没有介绍的内容，以及不同省份有差异的教学内容，教师要根据授课对象的专业、层次、生源比例以及文理科生的比例采取不同策略，详细讲解或者一带而过，还可以采取课下个别辅导、答疑的方式，或者用社团辅导等多种方式来进行教学衔接。

做好教学内容衔接的关键在于把握高中与高职高等数学教材内容以及实际教学内容的异同之处，采取合适的教学策略和教学组织形式。这不仅要求高中和高职高等数学教师加强交流，还要求双方主动关注彼此的课程改革、教学目标、教学改革等多个方面，尤其是高职高等数学教师，更要对衔接问题心中有数，才能做到有的放矢。

（二）学习方法的指导

德国教育家第斯多惠说：“一个差教师奉送真理，一个好教师教人发现真理。”在教学实践中，教师要正确处理师生关系，在指导学生学习上下功夫，突出学生的主体地位，使学生学会学习成为学习的主人，指导学生学习的关键在于督促学生养成良好的学习习惯，掌握学习方法。

1. 培养学习习惯

从日常教学中的观察、问卷调查和访谈调查的分析可以看到，高职学生除了知识内容的掌握不达标以外，他们数学学习习惯的欠缺是更严重的问题，培养学习习惯责任重大。

（1）指导学生制订学习计划

高职学生学习积极性不高的原因之一是没有学习目标和计划，没有学习目标，就没有学习动力，教师要和学生多进行情感沟通，帮助学生认识就业或者升学的压力，帮助他们确立学习目标，指导他们制订学习计划，教师应指导学生制订切实的目标和合理的计划。鉴于高职学生学习基础薄弱，学习坚持性不强，制定目标要切合实际，且采取远期目标和近期目标相结合的方式，相应地制订长期和短期计划，长期计划可以是学年计划、学期计划，短期计划可以是月计划、周计划、日计划。通过制订计划，使学生明确自己的学习目标，每天应该完成哪些学习任务，科学地安排时间，落实学习计划。指导学生制订、执行计划的同时，还要指导他们按期反思计划的完成情况。通过制订、执行和反思计划的过程，促使学生更积极主动地学习，形成学习良性循环。

（2）指导学生听课

听课是数学学习中的一个重要环节，教师应指导学生带着问题、有重点地、集中注意力听课，教学过程中紧跟教师的思维，思考教师提出的问题，积极和教师互动，总结教师是如何提出问题、分析问题、解决问题的。特别要强调，当遇到听不懂的问题时，先记载下来，接着听后续内容，下课后再独自思索或者与教师、同学探讨，直到问题解决，尤其不要听不懂时在课堂上纠结于问题之处而错过其他内容。除此以外，善于记笔记也是听课的一个重要环节。要学会选择性地记载讲述内容的重点、难点、关键点和不懂之处，而不是不管懂不懂全记下，还要记载讲述内容的章节标题以及知识框架，教学生学会画思维导图，等等。

（3）指导学生预习、复习、做作业

绝大多数高职学生没有预习的习惯，自觉预习、预习方法得当是提高听课效率的一个重要方面。教师要指导学生会预习，预习不是把要讲的内容看一遍就行，也不需要深究知识内容的每一个方面。好的预习方法是将要讲的内容大体看一遍，了解知识内容的大致框架，知道要讲哪些内容，出现了哪些重要的概念、定理和公式等。回顾所涉及的旧知识，若未掌握或忘记，可以提前学习、巩固，这对于基础薄弱的高职学生尤其重要。若新知识中有明显很难懂的内容，标记下来，带着问题去听课，这样预习的效果也就达到了。

若说预习是粗看，则复习就是细看了。指导学生先回忆听课内容，再阅读教材或课堂笔记，继而做练习。对于预习、听课、复习后依然不懂的问题，应独立思考后再和教师或者同学探讨。高职学生惰性较强，要督促他们记忆基本的概念、定理和公式，主动多做课后练习，引导他们学会绘制章节知识结构图，总结、记忆重难点和关键点。

作业是检验预习和听课效果、巩固知识的环节之一，教师要指导学生先复习后做作业。数学作业以解题为主。解题要遵循：先审题，理解题目，根据已知条件以及问题拟订求解方案，并执行求解方案，检查所得到的解答这样四步。之后，按照一定的步骤逻辑清楚地表达，并力求准确、完整、简洁，书写格式要规范。最后，还要探讨有没有其他的解题方法，反思其中所涉及的思想方法，是否具有规律性，是否可以推广等。要求学生一定要独立完成作业，一是尽可能脱离书本、笔记做作业，二是不要抄袭别人的作业，实在不会，可以和同学交流讨论之后再独立完成，作业中的错误要找出原因并及时订正。

2. 掌握学习方法

学习方法的指导应在结合学生的特点和具体学习内容的基础上展开，在研究每一个学生的学习目的、学习态度、学习情况、学习意志以及个性特征的基础上展开，在激发学生的学习兴趣与学习主动性的基础上展开。

（1）指导学生学会自主性学习

高职学习以自主性学习为主，学会自主性学习将会帮助学生更快适应从高中到高职的过渡期。教师应指导学生确立学习目标，制订学习计划，课前预习，高效率地听课，课后复习，独立完成作业，定期自我反思和评价等，在培养他们良好学习习惯的同时，提高他们的自主学习能力。指导学生学会记课堂笔记及读书笔记，及时归纳总结，学会画知识结构图帮助自己厘清知识脉络，掌握重点和关键点，通过作业、听课和自我测试等多种途径评价、了解自己对知识的掌握程度。指导他们合理安排时间，学会阅读教材、阅读参考资料，借助图书馆、网络等资源进行自我学习，通过自身的努力把所学内容弄懂。教师在教学中应力求做到“概念让学生自己去总结、规律让学生自己去探索、题目让学生自己去解决”，帮助学生养成自主学习的习惯。

（2）指导学生学会合作性学习

只有 20% 的高职学生经常和老师或者同学探讨题目，80% 的学生偶尔或者从不与他人一起探讨题目。我们提倡独立思考问题，但是，当遇到无法解决或者复杂抽象的问题时，与他人之间必要的交流合作，有利于厘清问题，扫除障碍，思维碰撞，产生火花，从而找到解决问题的方法。还能在大胆的交流中，暴露彼此知识认知的不足与缺陷，共同进步。高职学生怯于和别人交流探讨的原因之一是自信心不足，因此，教师要经常、及时鼓励学生，逐步帮他们找回自信，引导他们敢于及时和老师、同学反馈交流，促进学习效果的提高。

（3）指导学生进行探究式学习

教师要创设问题情境，引导学生阅读教材和参考资料，通过再发现，积极思考、自己体会，在“做”数学的过程中掌握概念、定理和解题方法。要指导学生先预习后听课，带着问题听课，注重知识过程的探究，讨论学习，鼓励学生主动、及时思考教师提出的问题，大胆陈述自己的想法，遇到问题多问几个为什么，培养他们质疑的习惯，勇于探索的习惯。教师还可以结合高职学生的实际，提供一些实际情境，鼓励学生从日常学习、生活中提出问题，分析问题并解决问题。

（4）指导学生学会选择性学习

教师要指导学生阅读教材，把握教材的重要内容和关键内容。指导学生围绕教师的讲述展开联想，听出教师讲述的重点、难点和关键点，学会跨越听课的学习障碍，不受干扰，能在理解的基础上扼要做笔记，会阅读参考资料，拓展学习。

（5）指导学生学会参与性学习

高职学生思维惰性比较强，有的学生不愿和教师一起思考，有的羞于提问，有的害怕回答问题，有的不愿意板书做题，展示自己思维过程的意识淡薄。教师要多和学生交流，激发他们的自信心，消除他们的顾虑。教师应指导学生积极主动地参与到课堂内外的教学活动中来，集中注意力，主动思考，参与课堂讨论。

（6）指导学生进行接受式学习

指导学生努力听取课堂教学内容、阅读教材内容，记忆基本概念、基本定理、基本公式、基本解题方法和教师讲述的关键内容，在此基础上，先尝试回忆后看书，先看书后做作业，先理解后记忆，先整理知识后入眠。

（三）学习心理的调整

在日常教学中，部分学生表现出对高职高等数学感情淡薄、学习兴趣不浓、学习动机缺乏、学习毅力欠佳、学习热情不高和学习坚持性偏低等，这些都严重影响了高职高等数学的学习。分析导致上述表现的原因，一些是他们在中学阶段长年累月的学习过程中累积下来的，还有一些是由于不适应高职高等数学学习形成的，这就要求教师在日常教学中找准根源，对症下药，才能取得相应的效果。

1. 激发学习动机

缺乏学习目标会导致学生学习动机不足，造成一系列的学习心理问题，不仅仅是数学课程，可能还有其他课程。因此，高职院校应在学生入学初开展入学教育，介绍专业特点、课程设置以及专业的市场需求情况，并根据学生的自身情况，帮助他们制订职业规划，明确求学目标，制订长、短期相结合的学习计划，增强他们的学习动力。有了专业的学习目标和学习动机，具体到每一门课程会更容易成为可能。

高职高等数学作为理工类和经管类专业必修的一门公共基础课，具有培养思维方法、提升数学素养的素质功能，为专业服务的应用功能，为职业生涯提供基础的发展功能，但学生对高职高等数学的这三大功能并不足够了解。调查显示，42.68% 的学生认为学好数学对今后的发展有帮助，51.22% 的学生回答可能有帮助或者不知道，还有 6.1% 的学生认为没有帮助。这就要求教师重视绪论课，在绪论课里结合实际例子向学生分析讲解高职高等数学的三大功能。在教学计划的制订、教学内容的安排以及日常教学过程中，贯穿体现高职高等数学的三大功能，尤其是数学在专业中和日常生活中的应用，激发起学生学好高职高等数学的动机。

10.98% 的学生认为学好数学的动力是受到老师、家长、同学的称赞与关注，这实际是学习成就动机在起作用。而部分高职学生自中学以来，学习数学经常遭受失败，很少体验到学习数学过程中的成功感，渐渐地成就动机就消失了。

固然这种动机与学生的数学基础有关，但教师可以针对高职学生普遍数学基础较差的实际，降低难度，设置合理的阶度，使学习内容处于学生的“最近发展区”内，学生伸伸手，桃子摘到了，经常能体会到学习数学的成功感，学习成就的取得自然会激发他们学习数学的动机。

2. 提升学习兴趣

爱因斯坦认为“兴趣是最好的老师”。学生对数学学习的兴趣对于数学学习起着至关重要的作用。学习兴趣的提升要从多方面入手，多管齐下，逐渐提升学生的学习兴趣。

（1）教学方法、手段多样化

数学课程固然有严谨性、抽象性、逻辑性等特点，而高职高等数学主要强调用数学、数学的工具作用，故教学过程中可以尽可能地通过通俗的案例、生动的游戏、直观形象的图像、逼真的多媒体影像等多样化的教学方法和手段使数学课变得形象、生动一些，使数学课在学生心目中不再“面目可憎”，激发学生的学习兴趣。

（2）介绍数学的广泛用途

教学中尽可能多设计“用数学”和“数学有用”的教学内容，使学生理解数学源于人类生产和生活，又服务于生产和生活。如让学生观察思考生活中的连续现象，通过运动变化认识连续函数、极限、微积分的起源和应用，让学生观察生活空间的经济、审美和方便实用包含数学原理，甚至在搬家过程中怎样有效利用楼道空间，煮稀饭应放多少水，站在离壁画多远处欣赏最清晰等，也都是数学问题。通过与学生一起用所学数学知识分析、解决日常生活中的典型问题，激发学生的学习热情，使学生体会到数学实实在在地存在于生活的诸多角落，从而激发其学习兴趣。

（3）贯穿数学史的教学

教师要经常向学生介绍数学史，数学发现、发明的过程，数学家的故事，如第一次数学危机与无理数的发现，微积分发展的艰辛历程等。不仅能扩大学生的知识面，开拓学生的视野，还能把学生从抽象、枯燥的理论中暂时解放出来，思维稍许放松，让数学学习不仅充满知识性，同时增添了趣味性，既缓解了紧张的思维之苦，又激发了学生的学习兴趣。

（4）展示数学美

教学中要随时向学生展示数学中的美，如与日常生活联系紧密的黄金分割美，又如美丽的分形图案，雪花之美，“孤帆远影碧空尽”所揭示的诗与数学意境的完美统一，等等。通过引导学生欣赏数学中的简洁美、对称美、和谐美、统一美、奇异美等多种美的形式，使学生感受到数学严密、抽象形式后面的美丽，激发其学习兴趣。

（5）重视数学的素质教育功能

数学的重要功能在于培育学生和全社会善于利用归纳、类比、演绎推理等逻辑思维方法抽象事物的本质和规律，又善于运用公理、规则指导自己行为的科学精神和价值观念，培养学生和公众善于从量化分析中认识事物的本质和规律，预测行为的后果。日本数学教育家米山国藏深刻地指出：“学生们在初中、高中等接受的数学知识，因毕业进入社会后几乎没有什么机会应用这种作为知识的数学，所以通常出校门后不到一两年，很快就忘掉了，然而不管他们从事什么业务工作，唯有深深地铭刻于头脑中的数学的精神、数学的思维方法、研究方法、推理方法和着眼点等（若培养这方面的素质的话）却随时随地发生作用，使他们受益终身。”

在教学中注意把抽象的数学思想方法与具体的教学内容紧密结合，通过具体数学知识的学习使学生逐步感悟、认识、反思直至理解数学知识中蕴含的数学思想方法以及数学在培养思维方法方面的重要功能。如微积分中处处体现的过程与结果的对立统一、有限与无限相互转化的辩证思想，正是指导我们工作、学习、生活的重要思想，通过这些促使他们体会到数学的思维方法在塑造人的思维方式方面的重要影响，从而激发其学习兴趣。

3. 培养自信心和意志力

高职生对数学学习的自信心不足并非一日之功，而是从高中乃至初中以来，受应试教育的副作用的侵害，经历多次的失败，逐渐挫伤了他们学习数学的积极性，更压抑了他们的学习热情，使部分高职生怀着苦闷、带着“失败者”

的心态进入高职高等数学的学习。高职高等数学教学中首先要消除中学应试教育带来的不良影响，避免这种失败心态屡次在高职高等数学学习中重演。要鼓励学生和自己原有基础比较，当他们取得一点进步时，要及时鼓励，帮助学生看到自己的力量，发现自己的不足。教师要帮助他们搭建学习的脚手架，降低难度、构建阶度，为他们创造取得进步的机会和条件，引导学生在学习活动中积极发觉自身的学习潜力，不断帮助他们取得成功，以成功后的欢乐和满足来培养他们的自信心，从而改变其自卑心理，调动他们的学习积极性，使他们逐渐把教学要求内化到自身的学习中去。

调查显示，对课堂上听不懂的知识内容放弃或者从不理睬的学生占40.25%，做数学作业遇到难题时只有15.85%的学生思考后独立完成，而边抄边思考或全部抄别人的或空着等老师评讲的学生占了57.32%。这些情况说明部分高职学生学习数学时畏难情绪较重，缺乏解决困难的勇气和意志力。当学生遇到困难时，要经常鼓励他们困难是暂时的，帮助他们提高学习的抗挫能力、坚持性和意志力。对基础差的学生，帮助、引导他们分解复杂的问题，逐步解决问题，慢步走、小步走，提高他们克服困难的勇气；对基础较好的学生，适当增加难度，培养他们坚忍不拔的意志力。同时，教师要相信每一个学生都能成才，对他们抱有信心和期望，并把这种信心和期望传递给学生，通过教学中的每一个环节和教学改革使这种可能变为现实。

教师要主动和学生建立良好的师生关系，多和学生交流互动，构建和谐、民主、平等、轻松、愉快的课堂氛围，尊重每位学生，关注每位学生的内心想法。课堂上注意观察学生的反馈，发现学生有迷惘时及时补充讲解，尽可能减少学生不懂之处。多鼓励、多正面评价学生，正面的激励应恰如其分、发自内心而且有的放矢，避免廉价、盲目的赞扬和不切实际的赞扬。

学生由于处于青年期，对自我的认知和评价难免不够准确，有时会过高或过低，教师要引导学生客观评价自己，注重以学习过程中的点滴进步激励学生，引导学生树立学习数学的信心。

对于极个别学生，常规的学习心理引导无效时，必要的情况下可以采取专业的心理辅导，帮助其恢复自信心。

学习动机、学习兴趣、学习自信心与学习意志力之间紧密关联、相辅相成，一方面的提高会导致其他方面也有所提升，因此，教师在教学中应注意多方面相互结合、互相促进，最终形成几个方面的合力，使学生的学习心理逐渐常态化，从而改善学习效果。

（四）教学方法的选取

高职学生数学基础普遍较差，自信心不强。部分学生认为自身的数学学习能力不强、基础差、难以提高的心理已经根深蒂固，对数学课有排斥倾向，这些现象有些是应试教育的“后遗症”，有些是学生不适应高职高等数学教学造成的。若高职高等数学教师再不注重研究教材、研究学生、研究教学策略、研究教学衔接中的问题及应对策略，导致学生屡次遭遇数学学习中的挫折，就会导致学生彻底放弃对高职高等数学的学习。

1. 组织入学测试，实施分层教学

入学初，对学生进行入学摸底考试，了解学生对中学数学的掌握水平及原有的认知结构，根据摸底成绩、高考数学成绩、学生的学习态度和学习能力以及个人意愿等多方面因素采取分层次组班或同班级分层教学的形式。根据学生的不同基础设定不同的教学目标和教学内容。对于基础较差的学生，编写衔接讲义，安排较多的时间补充、复习、练习中学的基础知识及基本计算，特别是函数部分，重点复习基本初等函数的图像、性质等。高职高等数学教学过程中经常强化、复习涉及的中学知识点，教学进度以学生能接受为宜，讲解最基本的概念、计算以及思想方法即可，细讲多练，难点略去不讲。对于基础一般的学生，在高职高等数学教学中根据需要贯穿复习中学知识，不必专题补充、复习衔接内容，教学进度可略快，精讲多练。而对基础较好的学生，除了两头不管型的衔接内容必须在高职高等数学教学中贯穿补充以外，其他涉及高中数学的衔接内容可一带而过，教学进度可适度放快，适当补充课外知识，讲解可略粗，以培养他们的自学能力。

2. 重视绪论课，形成良好开端

“良好的开始是成功的一半”。绪论课是高职高等数学教学中必不可少的，教师应向学生说明高职高等数学在整个高职课程中的地位和作用，以端正学生的学习态度，激发其学习兴趣；向学生介绍高职高等数学的研究对象、研究内容和研究工具，将主要内容用一条线穿起来给学生一个整体印象；向学生简要介绍微积分发展历史，介绍微积分对自然科学的发展所起的决定性作用，激发他们的学习热情。

3. 提升学习兴趣

好的教法就是好的学习方法，教师要会换位思考。教学初始，放慢进度，降低难度，将知识分解，构建合理的梯度，逐渐加快节奏。淡化技巧性强、复杂的计算，使知识尽可能处于学生的最近发展区，让学生“跳一跳，摘桃子”，使他们体会到学习的成功感，而不是由于“上课听不懂”，就“干脆不听”。

教学中，可以结合不同的教学内容采用不同的教学方法。高职学生形象思维能力相对较强，抽象思维能力较弱，在教学中应尽可能通过具体、直观、形象的例子，使学生觉得形象、易学，从而调动学生的学习积极性。

（1）用“案例教学法”引入数学概念

通过实例、背景知识、生活情境或有趣的故事等引入数学概念，以增加学生的学习兴趣和学习动力。

（2）用“问题驱动法”展开教学内容

思维从疑问开始，问题的提出使学生的思维得以启动，在讲授新知识之前，教师首先提出问题，逐步展开教学内容，问题一环扣一环，加强师生互动，充分调动学生听课的积极性。

（3）用“讨论法”展开习题课的教学

在习题课的教学过程中，提出问题，并引导大家讨论问题，不但可以达到释难解疑的目的，还锻炼了学生的表达能力，激发学生的学习热情。

（4）用“类比法”引入新的数学概念与运算

根据教学内容的需要，适时采用类比法引入新的数学概念与运算，并引导学生总结新旧教学内容之间的异同点，有利于学生消化吸收新的数学概念与运算，教会学生学习。

（5）用“直观性教学法”处理抽象的数学概念

通过数形结合的方法，借助图形有效帮助学生理解抽象的数学概念和定理，帮助学生记忆，培养学生的抽象思维能力，引导他们尽快适应高职高等数学的学习。

（6）用“练习法”帮助学生掌握计算

讲解完定理和定义后，立即给学生讲解具体的例题，再给学生布置同类型的例题，经过这种讲练结合的教学过程之后，学生掌握教学内容不会太难，从而逐步提高其学习自信心。

（7）多种教学手段辅导学生学习

课堂上，将现代信息技术与传统的黑板加粉笔的教学手段结合起来，展示图像的动态生成过程，加深学生对极限、定积分和曲面等抽象概念的认识。课堂外，采用面对面辅导、微信在线答疑、钉钉在线答疑与电话答疑等多种方式辅导学生学习，帮助学生解决学习中的问题，引导他们学会自主学习。

综上所述，高中与高职高等数学教学的衔接涉及高中和高职两个教学阶段，涉及教学内容、学习方法、学习心理和教学策略等多个方面。这需要高中和高职院校构建高中教师和高职教师的交流平台，加强沟通，互相促进。高中数学在重视高考成绩的同时，应真正把素质教育落到实处，不仅仅关注“知识与技能”目标的达成，更重要的是“过程与方法”和“情感、态度与价值观”目标的落实。高职高等数学教学要注重研究学生的知识掌握程度、认知结构、心理特征、个性特征等，根据学生的实际有针对性地组织教学改革，开展教学，指导学生学习，使学生更快地适应高职高等数学的学习，缩短从高中到高职的过渡期，最终改善教学效果。

第六章

信息化背景下高职高等数学教学创新研究

为了适应高速发展的社会需求，各地均本着招生和就业相结合的实际情况确定招生计划、招生办法和专业设置，以更好地发展职业教育。而现实问题是生源逐年减少，学生素质逐年下降，曾经的热门专业不再适应现代社会的需求等。

第一节 高职高等数学课堂教学自主创新研究

本节分析了高职高等数学课堂教学自主创新的必要性，结合高职高等数学教学实践，研究了数学课堂教学自主创新的内容及教学设计，信息化背景下充分运用现代信息技术教学，引入数学实训，并对教学评估、反馈等问题进行了反思。

一、高职高等数学课堂教学自主创新的必要性

高职高等数学不仅是学习其他专业课的基础，更重要的是在学习数学过程中可以进一步培养学生的科学素质和数学能力。传统的讲授方式，是教师一人的“独角戏”，学生只能是被动的“信息接收者”，学生缺乏主动学习的意识，创新精神就会被压抑，从而对学习数学失去了兴趣。数学教学活动是师生双边的活动，它以数学教材为中介，通过教师教的活动和学生学的活动的相互作用，使学生获得数学知识、技能、能力，发展个性品质和形成良好的学习态度。

为了深化高职高等数学课堂教学改革，结合高职教育的现状及人才培养目标，激发学生学习数学的积极性和主动性，重视学生知识、能力的灵活运用和职业素质的全面发展，以自主创新式课堂教学来提高教学质量，培养高素质高职人才势在必行。

二、自主创新课堂教学模式的内容与设计

“自主—创新”教学模式要求教师转变教学观念，确立以学生为本的教学观。自主是创新的前提，创新是自主学习的延伸与发展。所谓自主性学习“是学生在教师的科学指导下，通过主动积极的创造性学习活动，实现自主性的发展。”

自主创新教学模式是以培养学生创新精神和创新情感为基础的，在学习过程中，情感、意识、品质是学生认知过程的动力系统，是激发学生创新的内在动力和源泉。其最主要的特点可以概括为：一是参与性，学生积极参与学习过程是最基本的特征，自主创新教学要求教师充分激发学生的学习兴趣，把学习的主动权交给学生，形成民主、和谐、平等、活泼的课堂气氛，让学生在愉悦的氛围中完成自己的学习过程；二是创新性，学生对相关开放性数学问题进一步探索，研究，找到自己的见解与结论，享受自己的成果；三是独立与协作，数学学习、探索过程需要学生独立思考，不管个性差异如何，必须自主建构自己的知识结构网络，同时学生还要学会分工协作，培养学生的团队精神和凝聚力，同学们各自发挥自己的所长，共同完成。因此，在这种教学模式下，教师的角色转变为学生主动学习行为的“引导者”、学习活动的“组织者”和“调控者”。

教师精心设计课堂教学过程，激发学生自主学习的兴趣。在尊重学生、信任学生的前提下，创设平等、和谐的课堂氛围，既面向全体学生，又兼顾个性差异，多用启发式、讨论、探究的方式，让学生积极主动地参与到数学知识的信息接收、加工、转换、消化、吸收，并主动构建自己的知识网络，同时提出自己的问题。教师的作用是适时鼓励学生，去尝试解决问题的方法，并相互交流、讨论，培养学生的协作精神。这个过程就是“问”——交给学生提出，“做”——学生自己动手，“答”——学生自己探索。留给学生足够的思考和创造空间，挖掘学生创新的潜力。

学会学习、发展能力、提高素质。教师在自主创新教学过程中要实现师生互动、共同发展，要处理好知识传授与能力培养的关系，注重培养学生的独立性和自主性，引导学生质疑、调查、探究，把数学思想方法、数学的技能、技巧及数学的应用，通过学生的体验和感悟，真正变成学生自己的知识，并逐步内化为能力，进一步提高数学素质。

三、自主创新教学模式的实践与反思

基于高职教育的现状及学生的数学知识水平，改变教学模式要循序渐进，

从教学内容的选择，教学方式和教学手段上都要从实际出发。教师在数学教学实践中要由单纯的讲授型教学转向创新型教学，多媒体辅助可以使课堂更加富有现代气息。

（一）运用信息技术教学——优化课堂教学

用 PowerPoint 等软件作为工具，制作适合高职高等数学教学的课件，简单易学，它可以根据数学教学内容的要求逐字或逐行出现，文字、图形也可以按预设的顺序显示，教师随时可以进行修改和增添。多媒体教学以其动态形象的教学手段，可以把教学过程变得生动，直观，形象。比如用动画演示极限思想中的无穷变化的过程形象逼真，学生易于接受这样的实验过程，从而加深了对极限概念的理解。但是教师一定要掌握好教学进度的调控，特别是哪些内容是留给学生自主学习的，创设的问题情境如何出现，教师的引导适时进行，必须留给学生充分的思考、提问、学习时间。否则，多媒体展示的速度过快，学生的思维跟不上教学节奏，教学内容的突然出现也使学生缺少了应有的思考、质疑、探索、求答的过程，学生失去了主动学习的机会，这就与我们的教学理念是不相容的。另外，教学中可以借助一些 App 软件，比如学习通、雨课堂等，电子教学资料可以作为学生课外自学的数字资源。现代信息技术与传统课堂教学有机结合起来，优化了课堂教学。

（二）在实践中学习数学

在运用信息技术教学中引入了数学软件比如 Mathematic 软件、MATLAB 软件等，这样在教学中就可以加入数学实训和数学建模的内容，有意识地培养学生的数学应用能力。

数学实训是一种新的数学教学和数学学习模式，操作者通过对实际问题分析，提出合理的假设，并进行抽象和概括，建立数学模型及算法，求得结果返回实际问题。数学实训以问题为载体，以计算机为手段，以学生为主体，在教师的精心准备和指导下，学生自主探索解决问题，在失败和成功中获取知识和培养能力。在数学实训中，学生灵活运用数学的思想和方法独立地分析和解决问题，完成数学建模、求解及结果分析的全过程，改变了学生被动接受的形式，有效地激发学生学习数学的兴趣，提高学生学习数学的积极性。这个过程不仅可以提高学生的数值计算和数据处理的能力，而且能培养学生的探索精神和创新意识及团结协作、不怕困难、求实严谨的作风。

比如高职高等数学中，“函数模型”——重视从实际问题中建立函数关系，将实际问题转化为数学问题，建立目标函数。“传染病传播的数学模型”——导数的数学意义（函数的变化率）。经济学中的边际分析、弹性分析、征税问题的例子都要用到导数。还有许多与生产、生活实际和所学专业结合紧密的应用实例。这样在讲授知识的同时，可让学生充分体会到高等数学的学习过程也是数学建模的过程。所以，高职教育现有的数学基础课的某些章节内容为数学实训和数学建模提供了非常丰富的资源。

（三）利用网络教学资源——自主创新学习的延伸

充分利用网络资源的优势，教师可以在校园网上发布高等数学电子教案，供学生网上浏览、查阅、下载、自学，可以尝试网上答疑，这对培养学生的自学能力有很大帮助，也可以用微信群加强师生的联络，及时了解学生的学习动态和学习心理。增加了教学反馈的渠道，多方面地了解教学的效果与学生的学习情况。

四、课堂教学自主创新的教学评估与改进

教学评估对数学课堂教学自主创新模式的发展和完善及提高教师的教学质量和教育水平都具有十分重要的意义。要建立系统、科学、公平的多元评估体系。首先制定有量化指标的评估量表（包括专家评估表、教师评估表、学生评估表）。教师和学生的量表有自评和他评。教学模式的变化对相关的教学管理要求也有所提高，如果还用传统的评估指标体系，就会对新的教学模式产生不良的影响。特别是对学生的学习评价，不仅关注学习结果，更要关注学习过程及学生表现出来的数学能力和创新潜力，要关注学生数学学习水平，更要关注在数学活动中所表现出来的情感与态度，帮助学生认识自我，增强自信心，学会自主学习。

教学评估有利于客观全面地考评教师的教学，可以激励教师的教学积极性，同时也是对教师教学效果的信息反馈，这样就可以进一步对教师的教学方式、教学手段及教学态度等转变提供依据，扬长避短，提高教学效果。

目前高职高等数学教学改革，无论是课程内容，教学思想、方法和手段，都必须跟上现代高职教育发展的目标要求和相应的专业需要。数学课堂教学自主创新模式不仅是课程改革的迫切需要，更是符合高等职业院校培养应用型人才的目标。这种模式对教育教学管理提出了更高的要求，对教师的素质和能力也是一种挑战，更是对培养学生数学应用能力和创新能力有举足轻重的作用。因此，新的教学模式研究和实践环节是高职高等数学教学改革的切入点，更是高职高等数学教学改革的起点。

第二节 更新教学理念创新高职高等数学教学模式

高等职业教育作为高等教育的一个类型，肩负着培养面向生产、建设、服务和管理第一线需要的高技能人才的使命。而数学作为高职院校的公共基础课,承担着为学生提供学习后续课程和解决实际问题的数学基础与方法的重任，对高职专业教育的成效起着至关重要的作用。

一、高职高等数学现状分析

为了使数学更好地应用于专业、服务于专业，与专业课更好地融会贯通，这就要求我们数学教师要及时更新教学理念、创新高职高等数学教学模式。

（一）学生课堂表现堪忧

职业学院学生大部分来自普通高中、职高，还有一部分学生经过单独招生考试考入，部分学生学习积极性不高，数学思维较弱，高中时期不喜欢学习数学，在高职上课期间，更是沉迷手机游戏或电子小说，不听老师讲课，学习习惯非常不好，上课经常是敷衍了事，有些学生甚至选择逃课。“数学无用论”影响着学生们的认知，学生的应用能力和思维能力得不到很好的培养与训练，进而影响学生对专业知识的学习。

（二）教学内容与教学时间方面存在问题

近年来，高职教育迅速崛起，培养高素质技术技能型人才成为高职教育的主要目标，“以应用为目的，必需、够用为度”成为高职教育理论教学的基本原则，因此许多高职院校都对基础理论课课时进行不断压缩，作为基础理论课的高等数学也同样如此，教学时间大大减少。时间少、内容多、任务重、难度大是高职高等数学教学所面临的现实问题。

（三）学生学习缺乏动力

数学是基础性学科，都是在专业课之前学习，很多学生认为平时用不到数学，更认识不到数学对专业课程的作用，加之高中的一些不良习惯，到了高职阶段，大部分学生都缺乏学习动力，明明非常简单的内容，可学生就是认定数学在高中时就学得不好，现在依然学不好，由此就自动放弃了学习数学的机会。此外，大部分学生都带着原来的一些不好的学习习惯，在课余时间常以手机为伴，不能给自己加压，这也使他们对数学的学习没有足够的学习动力。

（四）在教学方面教师存在的问题

现在“2 + 1”的教学模式逐渐成为大部分高职院校的主流。随着各院校不断调整人才培养方案，数学教师面临的最大问题就是数学课的教学时数不断压缩导致学时不够用。而部分教师对高职高等数学的教学仅停留在传授知识的层面，并不了解数学内容在专业教学中的地位和作用，还不能根据后续专业课程的教学需求进行教学模式的创新及教学理念的更新。因此，更新教学理念，创新高职高等数学教学模式，实现高职高等数学课程教学内容与专业课之间进行有效地相互融通势在必行。

二、更新教学理念，创新高职高等数学教学模式的路径思考

在教学过程中，教师要始终以学生为主体，从学生的角度出发，根据高职学生的特点，不断更新教学理念，不断创新教学模式，充分调动学生的学习积极性，以达到更好的教学效果和目的。

（一）服务专业需求，确定针对不同专业的数学教学大纲

组织专门的数学教师与专业教师一起共同探讨课程改革问题，对学生在专业课程学习中遇到的数学问题及时了解，认真听取专业教师对数学课程内容范围的要求与建议，同时对专业教师关于内容的要求进行及时反馈。

通过与专业教师进行座谈，数学教师应掌握各专业对数学知识的不同需求，进一步与专业课程教师进行交流，了解各专业对数学知识和一些典型例题

的应用，以确保提高今后的数学教学。

（二）加强数学教学内容与专业知识的横向联系

在传统的数学教学中，好多教材内容都脱离了实际生活背景，缺乏与专业学科的必要联系。教材如果是这样的，只会使学生解大量习题，而学生解决数学问题的能力却非常薄弱。所以，在今后的教学中，教师应对数学与专业学科之间的横向联系逐步加强，同时将数学知识渗透到各专业学科，对数学教材中短缺的专业知识进行及时补充，这对学生学习效果的提高及应用能力的增强无疑都是至关重要的。

根据课程设置的基本要求，从专业需求和学生的可持续发展出发，对数学教学内容进行模块化教学的探索。具体分为基础模块、应用模块、拓展模块。其中基础模块为所有学生必须掌握的一元函数基础及微积分计算；应用模块以数学在专业上的应用为主，重在解决实际问题；拓展模块主要考虑为进一步进修和发展的学生服务的数学内容以及讲授一些常用的软件应用，如 MATLAB 软件。

（三）注重教学内容的整合，实现数学知识向专业知识的渗透

数学教师在教学过程中，一定要让学生在学习的过程中体会到数学对专业课的后续影响，这样才能增强学生对数学课程学习的吸引力。只有教师在教学中能够对专业岗位要求的案例进行大量渗透，同时注重数学知识在专业知识中的渗透，对专业问题能用数学方法解决，才能真正达到数学教学服务于专业课程的最终目的。

要想学好工程力学、工程测量、建筑结构等这些专业课，必须具备一定的数学知识。如教师在讲授一元函数导数的内容时，可让学生学会计算钢筋与混凝土的黏结应力、受拉力的钢筋截面面积等问题；讲授一元函数定积分应用时，可让学生学会计算混凝土压应力的合力、估算钢筋预应力的损失；等等。这些与专业课衔接的有益尝试，都将会提高高职高等数学课堂教学质量，最重要的是更有助于学生对专业课的学习。

（四）更新教师观念，探索适合高职高等数学教学模式

注重更新教师的教育观念，提倡教师打破教学内容中学科的系统性，从实际出发，解决实际问题，进而对教学的针对性有所加强。同时教师要注重与学生建立良好的师生关系，充分发挥教师在素质教育中的情感作用。教师在进行数学教学过程中，如果能够建立良好的师生关系，就会消除学生的防备心理，甚至可以打消学生对数学的抵触情绪。另外，教师在教授学生知识的过程中，要采取多样的引导方式，积极调动学生的学习兴趣，不断思考创新，进而为学生提供不断前行的动力。

第三节 基于创新性人才培养的高职高等数学教学改革

近些年来，高等职业教育逐步从单一的职业教育教学模式向多元化的创新人才培养模式转变，如何利用学科理论培养创新人才已经成为探索职业教育研究的重要手段。作为高等职业教育的重要组成部分，高职高等数学教育应以培养技术应用能力为主线，以“实用”为宗旨构建课程体系，增强实用性和针对性。高职高等数学的教学改革应该包括四个方面：一是课程设置与课程体系的改革；二是教学内容的改革；三是教学模式的改革；四是考核方式的改革。改革的重点难点在第一和第二方面，也是目前高职院校开展的课程体系和教学内容的改革。在课程体系和教学内容的改革中，最重要的是高职高等数学的教学改革。某种意义上说，教学内容和课程体系改革是高职高等数学的教学改革的难点和突破口。

高等职业教育的培养模式以职业为基础，是为我国的生产岗位培养操作型的应用技能人才的专业教育模式，在我国的高等教育中占重要的地位。当前，高等职业教育如何提高等教育质量和技能型人才培养水平，是职业教育面临的一项重要而紧迫的任务。

以兼顾基础，面向专业，自由选择为原则，构建单元模块，弹性进行课程设置与课程体系的改革。数学一直是一门必修的基础课程，也是一门重要的工具课。一方面，通过经典数学和近代数学的基本概念、基本原理及解题方法，使学生掌握当代数学技术的基本技能，为学生学习后继课程和解决实际问题提供必不可少的数学基础知识及常用的数学方法。另一方面，通过各个教学环节，逐步培养学生具有比较熟练的基本运算能力和自学能力、初步抽象概括问题的能力以及一定的逻辑推理能力、综合运用所学知识去分析和解决问题的能力。同时，高职高等数学教学是素质教育的一个重要方面，它在培养学生的综合素质和创新意识方面也发挥着有效的促进作用。因此，在课程设置上既注重基础知识，又服务于专业需求；既确保统一要求，又兼顾不同层次；既保持传统特色，又创新学用模式。构建必需基础，提供发展平台，内容精简、实用，具有选择性和弹性，重视学习过程，改善学习方式，注重与现代信息技术的整合。

遵循“以应用为目的，必需、够用为度”的原则，打破学科界限，倡导按专业的需求重新组合教学内容。面向专业需求，对数学传统的教学内容进行整合或精简；以数学实训为基础，降低对烦琐计算的要求，以数学建模为平台，重视数学思想和数学意识的教学，强调数学“应用能力的培养”是数学教育的出发点。通过讲清基本概念，传授数学方法，培养数学意识，使学生掌握分析解决问题的思路和方法，进而使“数学的应用”得到强化。这要求我们处理好数学基础训练与数学应用能力培养的关系，将高职高等数学教学内容定位在为专业服务和能解决实际问题上，应具有“面广”“易懂”“重应用”的特点，即教学内容广泛、所授知识易懂、重在数学知识的运用，对形成完整的学科体系要求较低，其核心是在教学内容上打破学科界限，倡导按专业的实际需求重新组合教学内容，以专业需求为中心，以实践运用为纽带，强调学生的数学应用的能力培养。通过专业调研，结合专业培养目标，选定合理的教学内容，使教学内容更贴近专业需求。为实现数学教学以“应用能力的培养”为主旨的目标，在教学内容中增加数学实训和数学建模。通过开设数学实训，使学生会借助数学软件进行常规的计算，掌握数学建模中常见的数学计算方法和数据处理能力，学生可以针对某一个具体的实际问题，在计算机上进行模拟、仿真、比较算法、分析结果，找出最佳解决问题的方案。通过开设数学建模，使学生在遇到问题时能够运用所学的数学知识，对问题进行理性的分析，通过数学建模将实际问题抽象成数学模型；借助数学软件，给所建立的数学模型设计算法，通过编制程序上机实现，并且会对计算结果进行分析处理。数学建模是培养学生建立数学模型，进行科学计算，利用计算机分析处理实际问题能力的重要途径，也是实现数学教学以“应用”为主旨的最有效途径。因此，具体专业的教学内容包括三个部分：一是基础数学（微积分）；二是专业数学＋数学实训＋数学建模；三是数学拓展。例如，计算机专业教学内容为微积分、微分方程、线性代数、数学实训和数学建模及学生自选的数学拓展部分。

以“学生为主体”“项目为载体”“能力培养为核心”，强调知识运用，通过具体问题（数学建模），探索一条教、学、做一体化的数学教学新模式。为实现数学教学“创新性人才培养”的目标，在教学模式上打破常规的教学模式，将“数学的运用”贯穿整个教学过程，以学生获得知识的程度最大化和能力提高显著化为教学目的，一方面注重基础知识的训练与培养；另一方面注重学生应用数学知识解决问题的能力的提高。在传统讲授模式基础上，引入项目化教学。项目化教学法是以某一项目为研究对象，先由教师对项目进行分解，并作适当的示范，数学项目教学法，即在数学的教学过程中，通过选定一些与数学紧密相关的项目活动，引导学生通过项目的实践活动，理解和掌握课程要求的知识与技能，让学习过程成为一个人人参与的创造实践活动。

然后让学生分组进行讨论、协作整个教学过程，具体设计为：在教法和学法上，根据学生特点、知识特点及目标要求，选择适当授课类型。根据学生的基础层次情况，以学生获得知识的程度最大化和能力提高显著化为教学目的，一方面注重基础知识的训练与培养，另一方面注重学生应用数学知识解决问题的能力的提高。充分调动学生的积极性和创造性，最广泛地让学生参与课堂活动，最大限度地开发学生的潜能，以真正提高学生的数学素养。

以“限时笔试”“数学软件运用”“数学应用能力检验”多种形式相结合，全方面进行教学考核方式的改革。考试是学业评价的一种重要方式和组成部分，它对教学具有管理、导向、激发、诊断与调控的功能。长期以来，数学考核的形式是限时笔试为主，这种规范化的考核方式不利于充分发挥学生主观能动性，不能体现数学应用能力和创新能力，特别是目前，高职院校采取“宽进”方式吸引学生入学，造成了学生整体数学素质偏低。这种考试形式只能使教师面对考试成绩表上的一片“红灯”和逐年增加的不及格率，但是取消考试或者弱化考试显然无法实现学业评价。为保证数学教学以“应用能力的培养”为主旨的目标得以顺利实施，在考核方式上强调数学应用能力的考核。为了客观有针对性考核学生的数学应用能力，我们对考核方式进行了初步的改革，既保留一块传统的限时笔试，同时更加注重过程评价（平时表现）及分析解决实际问题的能力的评价（数学实训），具体为总评成绩分成三块：一是平时成绩，包括出勤、作业、课堂表现、提问、讨论；二是限时笔试，包括传统基本知识、基本运算的考核；三是大型作业，包括上机中大型作业的完成情况、讨论课的表现。在考核内容的选择上遵循如下原则：一是检验学生基本运算能力；二是检验学生数学软件运用能力；三是检验学生运用数学知识解决问题能力。

参考文献

[1] 杜军 . 基于应用能力培养的高职高等数学教学改革的思考 [J]. 时代教育，2016（3）.

[2] 王迎春 . 高职应用数学教学中学生主体思维发挥研究 [J]. 黑龙江科学，2017（13）.

[3] 韩亚欧 . 基于职业能力培养的高职高等数学教学改革探索 [J]. 产业与科技论坛，2017（7）.

[4] 祝青芳 . 专业服务视角下高职高等数学课程现状及改进策略 [J]. 职业技术教育，2017（9）.

[5] 谭政辉 . 专业导向视角下的高等数学教学改革 [J]. 广西教育，2017（9）.

[6] 曾大恒 . 案例教学法在高职高等数学教学中的应用研究 [J]. 教育教学论坛，2017（10）.

[7] 王雅萍 . 信息化环境下的高职高等数学教学改革探索 [J]. 北京工业职业技术学院学报，2017（16）.

[8] 杨颖颖 . 信息化教学背景下高职高等数学课程改革分析与对策 [J]. 内蒙古师范大学学报（教育科学版），2018（31）.

[9] 宋萌芽 .“互联网 +”背景下高职高等数学教学研究：混合式教学路径探索 [J]. 辽宁高职学报，2018（10）.

[10] 陈建 . 高职教育改革中的信息化教学模式探讨 [J]. 湖北函授大学学报，2018（19）.

[11] 马前锋，滕跃民，韩锋 .“课堂革命”视角下的翻转课堂实施效果及对策

建议 [J]. 哈尔滨职业技术学院学报，2019（2）.

[12] 周玮 . 高职高等数学信息化教学改革的研究与实践 [J]. 辽宁高职学报，2020（3）.

[13] 赵利 . 信息技术环境下高职高等数学教学改革研究与实践 [J]. 教育科研，2020（10）.

[14] 薛洁 . 基于互助式教学的高职高等数学教学设计 [J]. 广东职业技术教育与研究，2020（10）.

[15] 邱立军 . 信息化背景下高职院校混合式数学教学模式研究 [J]. 太原城市职业技术学院学报，2021（3）.

[16] 黄雯，周凯 . 职前职后一体化视域下的新教师培训 [J]. 中国教师，2021（5）.

[17] 张余 . 民办高职院校高等数学教学现状及改革对策研究 [J]. 文化创新比较研究，2021（9）.

[18] 罗姣姣 . 信息化背景下多媒体与高职高等数学教学策略探析 [J]. 甘肃科技，2021（13）.

[19] 洪晴，陈勇 . 建构主义视角下高职虚拟结合类课程教学改革探索 [J]. 科技风，2022（1）.

[20] 王燕娜 . 基于创新能力培养的高职高等数学教学改革探究 [J]. 山西青年，2022（3）.

[21] 吕淑君 . 高职高等数学教学中培养学生应用数学能力与意识的方法探讨 [J]. 现代职业教育，2022（4）.

[22] 李文高 . 混合式教学模式的课堂教学设计和教学方式研究 [J]. 高教学刊，2022（8）.

[23] 王洁 . 基于混合式教学模式的高职高等数学教学改革策略研究 [J]. 科技风，2022（13）.